動態達標

運用八爪章魚圖像工作術, 打造職場關鍵課題致勝超能力

系統思考力

楊朝仲、文柏、陳國彰、薛安聿 著

好評推薦

系統思考，對我來說，其實類似於中國人常說「局」的智慧。

常聽人說要有大局觀，認清局勢和時局，要打破僵局、顧全大局。

這個「局」字就是要我們不要遇事只單看一個點，還要關注點和點之間彼此相互影響的連結關係。

從點到點的線，再從線到線的面，體認到錯綜複雜相互影響的存在，再找出最重要影響核心，就是系統思考最有價值，而且能夠同時兼顧效率和效能的關鍵。

常說解決問題或者決策判斷，要「見樹更見林」，避免顧此失彼，掛一漏萬，也是強調系統思考的重要性。

相信楊老師的這本《動態達標系統思考力》，可以幫助我們在人生和職場道路上，做出洞察本質、與時俱進的智慧抉擇。

——大亞創投執行合夥人郝旭烈

專案管理知識是個人與組織面對快速變化的時代，執行各種獨特、暫時與高不確定性工作的重要管理工具，除了過程會變，就連目標也會因為環境而動態變化。然而，除了工具的應用，還

需要有動態思維能力來輔助工具的應用，例如系統思考，以面對不確定性高、動態調整的環境。

本書作者累積多年在系統思考以及專案管理的經驗，透過各種案例的演示，以及多種職場需面對的情境的模擬，與讀者分享動態達標需要的思考能力，以配合瞬息萬變的產業態勢和組織狀態。

推薦各位讀者閱讀此書，以此書做為培養系統思考和刺激思考的媒介，累積「反直覺」的系統思考方法，持續地在工作中實踐、逐步精進，感受動態達標系統思考力帶來的價值。

——PMI 台灣分會理事長高治中

傳統策略規劃思維強調搜集資訊、統計分析、預測研判，最後導出經營策略。但此操作模式適合靜態、穩定環境，卻不見得適用於目前產業所面對的複雜、變動、不確定環境下使用。超競爭時代，企業需要的不是從過去數據歸納出未來趨勢，而是在趨勢出現前，比競爭者更早洞察市場需求的微弱聲音。這種決定企業經營成敗的訊息，新穎、細緻，難以察覺，不易分析、只能想像。

楊教授長期研究系統思考技術，具有紮實學理研究及實務經驗。這本書所提到的動態達標系統、反直覺思維等技術，非常適用個人或組織面對動態環境，快速推導產業趨勢發展、掌握未來環境脈動、洞悉生存關鍵因素，進而倍增競爭力的好方法。

——中華動態競爭戰略發展學會理事長陳昭良

很高興來推薦逢甲大學專案管理碩士在職學位學程楊主任朝仲等四位老師的新書。楊教授朝仲非常支持六城市心靈領袖讀書會，包括（台北／新竹／台中／嘉義／台南／高雄）六個城市每月六場。過去五年已巡迴三次六城市實體讀書會課程。他非常支持六城市心靈領袖線上線下公益利他佈施讀書會，且在過去六年講授下面六項議題：

1. 系統思考與問題解決

2. 反直覺才會贏！

3. 輕鬆搞定新課綱系統思考素養的教與學

4. 亞馬遜稱霸全球戰略的系統思考

5. 遠交近攻的系統思考

6. 視線變遠見

新書在探討，如何透過八爪章魚覓食術的實用系統思考方法來有效進行「反效果」或「後遺症」的動態複雜問題之解決工作。

衷心感謝楊教授朝仲和三位老師出版此書，相信對於廣大的讀者群研讀動態競爭及系統思考主題有相當的幫助。如同楊教授常常告訴我，專案經理們有三分之二的時間都在處理「人」的問題，搞定人是最重要成功祕訣，首要任務就是辨識專案的利害關係者。

這是一本值得收藏的工具書，推薦給六個城市的讀書會會友閱讀。

——六城市心靈領袖讀書會總會長陳國文

　　自 1960 年代系統思考（systems thinking）的學理概念與
方法演進至今已逾一甲子，包括以量化模型實踐的系統動力
學（system dynamics），皆已被廣泛運用於政府與民間營利與非
營利組織、全球與在地範疇的多元領域政策與管理議題，而楊朝
仲主任這本《動態達標系統思考力》的問世，無疑將系統思考更
紮根運用至個人的專業生涯發展。

　　透過生動案例引導並精準簡潔地介紹系統思考的四項規則
後（前三章），本書更具體將其連結至職場專業共通且相互扣合
的五項議題（第 4 至 7 章）：問題解決、開會高效、專案管理、
向上管理與職場升遷，如此循序漸進的安排使讀者得以一氣呵成
地透過實際演練，深刻體驗系統思考如何在組織中動態達標對應
任務的績效要求。

　　本書雖然以個人面臨的職場情境為主軸，但其實更可做為組
織內多元利害關係人（stakeholders）角度的群體參與及決策情
境，甚至得以延伸至跨組織的政策與管理脈絡，亦即系統思考所
代表的動態回饋（dynamic feedback）問題分析與解決能力，對
於個人、組織、社會與國家都將是不可或缺的素養。

——政治大學公共行政學系副教授兼系主任、

中華系統動力學學會理事長蕭乃沂

目錄

作者序

楊朝仲

逢甲大學專案管理碩士在職學位學程主任

逢甲大學專案管理與系統思考研究中心主任

　　我們來做個小測驗，請各位嘗試回想你的生活或職場經驗，然後於下面命題的空格中填入對應的名詞。

　　命題：採用＿＿＿＿對策一段時間後，為何＿＿＿＿沒進步，甚至還退步？

　　為了方便大家發想，我舉幾個例子供大家參考：

　　◎採用補習一段時間後，為何成績沒進步，甚至還退步？

　　◎採用花錢送禮物一段時間後，為何親子關係沒進步，甚至還退步？

　　◎採用管理資訊系統一段時間後，為何業績沒進步，甚至還退步？

　　◎採用加強政令宣導一段時間後，為何民調沒進步，甚至還退步？

　　透過這個小小的測驗，我們相信各位或多或少都能在自己的生活或工作中找到對策無法產生預期效果，甚至更糟的「窮忙」經驗。

　　為何仔細規劃好的目標與對策，最後結果不僅沒達標，還把自己弄得遍體鱗傷？

　　這是因為我們把上述測驗中這些屬於動態複雜的問題，當成細節複雜的問題來解決！

　　細節複雜比較像是「拼圖」的概念，雖然要拼的圖片很多（細節很多的特性），但是不管你從哪一塊開始拼起，想要拼多久，最後拼完的圖形都會長得一樣（結果或問題固定的特性）。可是動態複雜比較像是「下棋」的概念，你下的每一步棋不僅會影響對手的下一步棋，還會影響自己的整體布局，而且對手越多，要考慮的互動變化就會越多（利害關係複雜的特性）。並且最後結局是贏是輸是平手，不易事前預測（結果或問題會隨時間改變的特性）。

　　系統思考八爪章魚覓食術就是專門解決動態複雜問題的思考工具與方法！

　　有鑑於此，本書特別選定與個人職場成功有關的五個重要關鍵課題，分別是「問題解決」、「職場升遷」、「向上管理」、「開會高效」、「專案管理」，針對這五個課題各自設計其動態達標的系統思考八爪章魚覓食術結構，並輔以職場個案逐步操作解說，以利大家能立即上手應用系統思考與同步增強自我職場競爭力。

　　最後誠摯感謝本書的共同作者文柏、陳國彰、薛安聿，共同研發系統思考在各重要關鍵課題的具體有效導入方式並實際參與寫作。

2023 年 3 月

第1章

反直覺才會贏

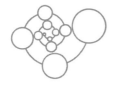

我們為何要出這本書？起心動念跟以下這三個身邊隨處可見的「反直覺」案例息息相關，分別是我家樓下的生意興隆快閃早餐店、辦公室附近開不完的便利商店、新聞報導中無人來的無人商店。

案例一：樓下的早餐店

先從我家樓下早餐店跟大家聊起。以往每到假日早上我都會特意到樓下早餐店用餐，除了有吸引我的班尼迪克蛋美式早午餐外，就是店內還有許多當期雜誌供我免費閱讀。處在舒適的環境與輕鬆的音樂之下，一邊享用美食喝著卡布其諾咖啡，一邊吸收商業新知，讓身心靈獲得一次滿足，這無疑就是知識份子或上班族的最佳小確幸寫照。即使早餐店生意很好，經常需要等待 20 分鐘以上才會有座位，我也甘之如飴。

然而這樣「幸福快樂」的日子不長，半年後早餐店竟然把鐵門拉下停止營業了。

為何生意興隆的早餐店，快閃（倒閉）的速度這麼快？

在這個案例，我看見生意興隆的早餐店就以為其營業自此一帆風順，猶如船隻在水域航行時看見的一座冰山，但只觀察到冰山水面上可見的部分。需知冰山在水面下的體積是水面上的數倍而且是橫向延伸，如果船隻忽略了，就會撞到冰山隱藏在水面下的部分。

那麼早餐店這座冰山隱藏在水面下的部分有可能是什麼？

其一是高漲的店租：試想如果房東天天經過生意興隆而且大排長龍的早餐店，加上不是簽長約，久而久之就會萌生漲店租的念頭。其二是新增的人事成本：為了應付絡繹不絕的客人，在不影響服務品質情形下，早餐店老闆開始考慮聘人。雖然生意興隆帶來倍增的收入，但是增加的店租與新聘人員的費用，這些伴隨成長而來的新成本，卻會讓預期收益下滑。增加的店租與新聘人員的費用都有可能是開店規劃時較為忽略考慮的事項，所以容易缺乏事先的相關配套方案。以上是冰山水面下部分為何的簡單推論，必須進一步蒐集證據才能驗證推論正確性。至於還有哪些其他可能影響倒店的利害關係人，就留給大家腦力激盪了。

案例二：工作場所附近的便利商店

第二個有趣的案例是在我上班工作場所附近的 A 便利商店，由於這個便利商店不大，所以裡面沒有提供用餐座位，但是因為位置好，開在擁有上千名住戶的大型社區旁邊，而且是社區前面大馬路上唯一一家便利商店。可預期的獨占市場與隨之而來的高營收，就像冰山水面上的可見部分。

然而隱藏在冰山水面下的部分漸漸開始浮現。一段時間之後，A 便利商店附近開了一家規模比它大很多的 B 便利商店，重點是 B 便利商店內不僅有提供用餐座位，還有更多商品選擇，導致我的消費習慣從 A 便利商店換到 B 便利商店。

請大家思考一下：**如果你是 A 便利商店店長，開業一段時**

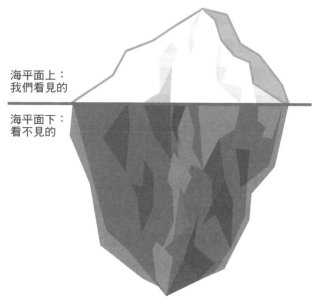

早餐店——生意興隆、大排長龍
便利商店——占到好位置、便利性增加
無人商店——時髦、應用新科技、節省人事成本

海平面上：
我們看見的

海平面下：
看不見的

早餐店——店租上漲、人事成本增加
便利商店——其他品牌在鄰近展店、競爭者增加
無人商店——燒錢的科技軟硬體設備、冰冷、沒有人的溫度

▌ 冰山在水面上可見的面向，與隱藏在水面下看不見的問題

我想上面三個案例無論是開早餐店、開便利商店、經營無人商店，這些人在規劃成立時一定不會馬虎，因為沒有人會跟自己的錢開玩笑，尤其創業的錢可能還是跟銀行貸款。

為何仔細規劃好的目標與對策，最後結果不僅沒達標，還把自己弄得遍體鱗傷？其實類似情形在各位生活中經常反覆發生。想想你以前暑假作業的撰寫規劃安排、新年新希望的實現規劃方式，是不是有種殊途同歸的感覺？

這是因為我們把屬於動態複雜的問題當成細節複雜的問題來解決！

職場或生活中許多跟管理相關的問題，其本質可能都是動態複雜。管理大師彼得‧聖吉在《第五項修練》一書中提到：「在大多數的管理情況中，真正的槓桿解在於瞭解是動態複雜，而非細節複雜。」

何謂動態複雜？何謂細節複雜？

細節複雜類似於「拼圖」的概念，雖然要拼的圖片很多（細節很多的特性），但是不管你從哪一塊開始拼起，想要拼多久，最後拼完的圖形都會長得一樣（結果或問題固定的特性）。《第五項修練》書中也舉例，依照複雜的說明書組合一台機器、處理店內庫存等，就是細節複雜。

細節複雜問題具有「問題固定」與「細節複雜」的特性。

另一方面，動態複雜比較像是「下棋」的概念，你下的每一

像「下棋」會隨時間動態改變，魚骨圖與心智圖的既有結構就很難處理了！

你覺得前述三個開店經營管理的問題比較像「拼圖」的問題？還是「下棋」的問題？

如果開店經營管理的問題像「拼圖」，就會變成藉由魚骨圖與心智圖分析出許多跟開店經營管理有關的重要工作或任務（細節很多的特性），只要完成這些工作或任務，最後結果必然就是賺大錢與規模持續成長（結果或問題固定的特性）。

如果開店經營管理的問題像「下棋」，你努力向前邁進的每一步棋不僅會影響其他人的下一步棋（想分食市場的不只你一人，還有你這一步棋有沒有誘發什麼人），還會影響自己的整體布局，過程中應該是順境逆境交錯的動態發展，並且結局變化難以全盤由自己掌握（可能操之在房東、同業競爭對手或顧客手中）。

看完以上說明，可以明瞭前述三個案例本質就是動態複雜的問題！

有什麼好工具或方法適合解「下棋」這種動態複雜問題？

《第五項修練》一書就已經提供了答案：「系統思考」就是專門解決動態複雜問題的思考工具與方法！

其實我們想表達的道理很簡單，解決問題其實是跟你選擇的工具與方法有關。有鑑於此，大家在解決問題前，一定要先思考問題的類型是「拼圖」還是「下棋」，然後才選擇適當的解題工

具。「拼圖」的問題，就選魚骨圖或心智圖來解，選擇系統思考會沒有效率。同樣的，「下棋」的問題就選系統思考來解，選擇魚骨圖或心智圖容易讓你窮忙。

　　看到這裡，大家應該迫不及待想要認識什麼是系統思考。接下來的章節，我們會深入淺出地介紹系統思考方法。

第2章

系統思考

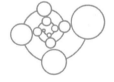

經過第一章的解說，我們認識到動態複雜問題的重要性，要解決具有強烈「下棋」特性的動態複雜問題，系統思考就是專門解方！這一章我們會用深入淺出與舉例說明的方式，讓你輕鬆學習系統思考。

簡單體驗一下系統思考吧！

「系統化」這個詞很多人都聽過，我們常聽到有人說「這個問題我們不能單獨看它，必須把它放在大環境裡，用系統化的角度或觀點出發去思考」、「單獨看問題，很容易見樹不見林，變得頭痛醫頭、腳痛醫腳」。這些話說得很好，現在幾乎沒有人不知道，自己以及身邊一切的人、事、物都只是一個大系統的一部分、一個環節，但問題是，我們要用什麼樣的方式去思考，才能真正做到「系統化的思考」？以下讓我們用減肥這個很簡單的例子來體驗說明：

體驗步驟一：直覺式的思考

首先，我想請你簡單描述一下你對減肥這件事的認知。很多人可能會有以下三種答案：

1. 少吃多動就能減肥。
2. 吃減肥藥。
3. 求助減肥門診，請營養師控制每日攝取的熱量。

好，現在不管你內心的答案是不是與以上的答案相同，請你

繼續進入第二個體驗步驟。

體驗步驟二：四個規則

現在請你按照以下四個規則，再一次描述你對減肥這件事的認知。

規則一：

請使用「目標」、「措施」、「效果」、「現況」、「差距」五組詞（如圖 2-1）來描述你對減肥的認知。

說明：理想目標跟現況之間總是會有差距，而這個差距會讓你想採取某些措施來加以改變，這些措施實施後會產生一些效果去影響現況，最後，目標與現況之間的差距就會逐漸消失。請注意，在解讀這個圖的時候，請把帶有箭頭的連接線解讀成「影響」的意思。這個圖是系統動力學中很著名的模型，名叫「目標

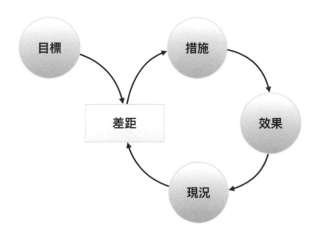

■ 圖 2-1　目標趨近

趨近」，是美國學者麥可・古德曼（Michael Goodman）等人研究出來的心血結晶。

規則二：

圖中的每一區塊都只能放入一個「名詞」。

規則二是系統動力學中很著名的概念，是由美國麻省理工史隆管理學院教授傑・福瑞斯特（Jay W. Forrester）研究出來的心血結晶。

規則三：

「現況」區塊中放的名詞，必須是可隨時間而累積或減少的東西。

規則四：

「現況」與「目標」區塊中的名詞，必須可以用同一種單位來衡量。

體驗步驟三：實際示範

光說規則，可能無法讓各位有深刻的體驗，因此我們實際示範一次給各位看。假設我們認為減肥應該是要多運動，那麼我們應該在剛才規則一中提到的圖 2-1 裡填些什麼呢？

1. 首先，在減肥這件事中，「現況」與「目標」這兩個區塊分別可以是什麼呢？規則二到四規定我們必須在這兩個區塊裡填入可以用相同單位衡量的名詞，且現況區塊中填入的，必須是可以隨時間而累積或減少的東西，那麼

或許我們可以用「體重」或是「體內脂肪含量」這兩個東西來發想。好，假設我現在用「體內脂肪含量」來發想，那麼我填入「現況」與「目標」這兩個區塊的，或許就可以是「理想的體內脂肪堆積量」、「現在的體內脂肪堆積量」這樣一組名詞。

2. 接下來，我們繼續依照規則二到四的規定，把「多運動」這樣的概念填入圖中的「措施」與「效果」區塊，而這時我們可以把「運動量」與「身體因運動而消耗的熱量」這兩個名詞分別填入（我們在圖上所填入的減肥相關名詞，只是為了示範使用方法而提出的假設，並不代表那是唯一或正確的答案，請不用太過認真去探討其對錯），成為圖 2-2：

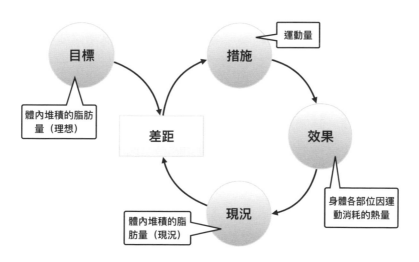

▌圖 2-2　減肥的目標趨近模型

現在，透過這幅圖，我們可以輕鬆呈現出以下幾件事：

1. 因果回饋

「因果回饋」這個詞很多人都知道，大家常說的「因果循環、報應不爽」以及「牽一髮而動全身」，指的就是因果回饋此一概念。問題是，概念大家雖然都知道，但要怎麼樣在思考中呈現呢？在上圖中，我們可以看見每一個區塊都會影響下一個區塊，而這個影響最終會回到自己身上。當你體內「現在的脂肪堆積量」特多時，體重自然就重，於是你必須為自己設定一個「理想的體內脂肪堆積量」。而為了讓你體內的脂肪堆積量能慢慢趨近於理想值，你開始增加「運動量」，以藉此來增加「身體各部消耗的熱量」，而當身體各部因運動量增加而導致所需熱量大過你每日攝取的熱量時，自然就會消耗掉囤積在身體裡的脂肪，於是體內「現在的脂肪堆積量」就會開始減少。最後，當體內的現有脂肪堆積量離理想值越來越近時，你或許就能調整運動量。

2. 時間、時間滯延、反效果或後遺症

在這個案例裡，當你把減肥期間的體重或是體脂肪含量，依照日期加以記錄，就會看見他隨著日期的前進是有變化的，而這就是「時間」的長相。接著要提一個由「系統動力學」學者所提出的概念，叫做「時間滯延」。所謂「時間滯延」，如圖 2-3，是指我們在考慮採取一個行動、措施的時候，常常都把注意力集

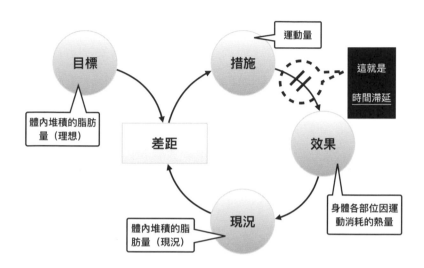

圖 2-3 時間滯延

中放在這個行動、措施會產生的效果上，結果就很容易忘記去考慮一個致命的關鍵因素，那就是「時間」。由於效果需要時間醞釀與發酵，因此如果我們考慮採取一個行動、措施的時候，只考慮行動、措施會產生的效果，卻不去考慮效果要耗時多久才會發生，不去考慮在效果還沒發生之前，需要採取什麼樣的配套措施，那麼我們將很容易發生要命的失誤。

說到時間，還有個東西我們不能不講，那就是後遺症，這也是「系統動力學」學者十分強調的一個概念。有句成語叫做「禍福相倚」，一個行動、措施透過時間帶來了效果，那麼這個效果會是百分之百的好東西嗎？還是會有些副作用呢？事實上，一個行動、措施執行之後，馬上產生不好的效果，我們稱之為反

效果。而一個行動、措施執行之後，經過一段時間才會帶來反效果，我們就稱為後遺症。想一下，剛才你在思考減肥這個問題的行動或措施時（如長期大量運動與仰賴減肥藥等），有想過「反效果或後遺症」嗎？（關於反效果與後遺症的分析方式，我們將在第四章中詳談）

3. 系統

我相信有人看了圖 2-3，一定會說這張圖有問題，因為人體內的脂肪含量不是只出不進，還取決於你每天攝取的熱量，這個圖要成立，必須每天消耗的熱量大於攝取熱量才有可能。這個質疑非常好，因為這正是此圖有趣的地方。這個圖讓你看到了「身體各部消耗的熱量」與「體內現有的脂肪堆積量」有關，但也讓你聯想到最簡單的「進出」觀念，並且利用這樣一個觀念去想到，在這個跟減肥有關的身體系統裡，其實還有「身體每日攝取熱量」這樣一個因素。於是圖形就會擴充成圖 2-4。

各位不妨想一想，這不正是系統化思考的特點嗎？隨著圖形去思考，你不但能將「時間」、「因果回饋」等因素納入思考範圍，還能將原本只有一句話的「線型」思考，變成一種包含各個層面與事情的「面型」思考圖形，同時每一個區塊都還能繼續觸動你的思緒，往更多的層面發展。請想一下，在我們還沒有使用這個圖形進行思考前，「多運動可以減肥」這樣一種假設有讓你在看到的瞬間，腦海中便直接、直覺地浮現出「體內脂肪

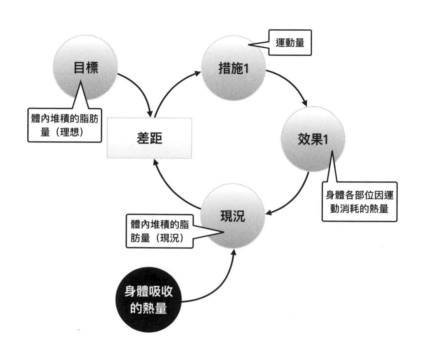

▎圖 2-4　減肥的擴充版目標趨近模型

含量」、「熱量」及「運動量」這三個名詞嗎？此外，當我們把
「多運動可以減肥」這樣一句話用圖形展開來時，你就會看到，
如果這樣的假設可以成立，那麼整個問題的核心也可以是「熱
量」而不是「運動」，於是更多的策略就會出現了，像是「吃熱
量少的食物」等等，而當策略一多，你就可以用我們在前面說的
「時間滯延」以及「反效果或後遺症」等概念做為篩選標準，選
出一個你認為較合適的策略。

　　看完這個案例，相信各位對於系統的特性以及系統思考的好

處都已經有了初步的體驗與認識了。想想，如果你在工作上思考一個問題的時候，不從系統觀出發，去站在一個綜觀全局的高度，不把「時間」因素考慮進去，不把各個環節的因果關係都弄清楚，那麼你會想出什麼樣的解決方案，而這種方案施行以後，又會產生什麼後果呢？看到這裡，或許有人會說，不用上面的方法，一樣可以得到相同的結論。沒有錯，不用我們所說的方法，或許一樣可以得到相同的結論，但不用我們的方法，你將很容易在制定策略的階段忽略兩個致命的關鍵因素，那就是我們剛才提到的「時間滯延」與「反效果或後遺症」。想想，一旦忽略這兩個因素的策略制定程序，會產生出什麼樣的一種策略呢？

接著我們把第一章對於動態複雜問題的定義，放到這裡重新看一看。

動態複雜問題的定義：動態是指「問題會隨時間改變」的特性，複雜是指「利害關係複雜並有因果回饋影響」的特性。

我想各位應該發現，上述提及的系統思考與動態複雜問題的許多特性是相同的。正好呼應《第五項修練》一書中說，「系統思考就是專門解決動態複雜問題的思考工具與方法！」

好，簡單體驗完系統思考，接下來我們要來說說系統思考方法本身了。

系統思考方法的解釋

　　談到這裡，我們要先說明一個觀念，第一章談的「反直覺」，雖然是要你去試著改變一下思考的方式與習慣，但那並不表示你原來的思考方式就是不好的、就是要被丟棄的。如果你開始有這樣的想法，請停止。孫子兵法有云：「夫未戰而廟算勝者，得算多也」，白話來說，就是考慮得多才有勝算。請千萬記住，我們之所以提出一些新的思考方法，是為了要讓你在原有的思考基礎上去擴充思考層面，讓你想得更多、更周延，而不是要去消滅你原來的思考。

　　好，接下來，我們要開始解釋系統思考的方法了。各位還記得上一節中提到的四個規則嗎？我們現在來溫習一下。

複習一下四個規則

　　規則一：

　　請使用「目標」、「措施」、「效果」、「現況」、「差距」五組詞（如圖 2-1）來描述你對一件事或一個問題的認知。

　　說明：理想目標跟現況之間總是會有差距，而這個差距會讓你想要採取某些措施來加以改變，這些措施被實施後會產生一些效果去影響現況，最後，目標與現況之間的差距就會逐漸消失。請注意，在解讀圖形的時候，請把帶有箭頭的連接線解讀成「影響」的意思。

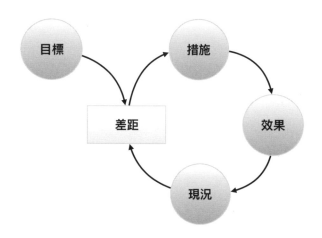

▌圖 2-1　目標趨近

規則二：

以上圖形中的每一區塊都只能放入一個「名詞」。

規則三：

「現況」區塊中放的名詞，必須是會隨時間而累積或減少的東西。

規則四：

「現況」與「目標」區塊中的名詞，必須可以用同一種單位來衡量。

為什麼要有這四個規則？

其實，這些規則就是最基礎的系統思考方法。那麼，我們為什麼要使用這些規則呢？原因很簡單，我們一個一個來解釋。

為什麼要有規則一？

會有這樣一個規則，是因為我們以往的思考方式，通常會深深受到語言的影響。一般我們在思考的時候，其實就是在內心跟自己對話，如果是大家一起討論，那更是百分之百語言的溝通。因為語言本身是「主詞→動詞→受詞」的直線式結構，使得我們在想事情或是跟別人討論事情的時候，往往很難直接想到或呈現「因果回饋」的概念，也很難將問題的全貌，也就是問題所身處的系統，在眼前一步步展開。關於這點，我們用一個很簡單的例子來說明，你馬上就會明瞭：

國家的政府部門為了爭取民眾支持，提高政府在民眾心中的正面形象，於是會花錢做一些宣傳，不管是由首長發表與政績有關的談話、置入性行銷還是請廣告公司製作宣揚政績的形象廣告，但其成效往往有限，有時甚至還會引起民眾反感，認為與其這樣花錢，還不如拿錢去救濟弱勢。這其實就是語言影響思考的現象。怎麼說呢？對國家政府部門而言，他們已經很習慣用語言的直線式結構思考，因此對於用宣傳來提升民眾支持度這件事，他們的思考結構是這樣的：

花錢宣揚政績→民眾會知道政府在做事→民眾會覺得政府好→政府支持度會上升。

這種思考結構乍看之下似乎合理，沒什麼問題。然而，我們看看用剛才提到的「規則一」來解釋這種思維，它會成為什

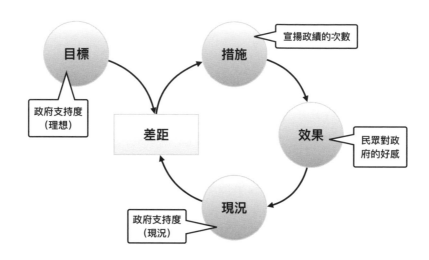

▌**圖 2-5　政府在宣揚政績時內心所想的目標趨近模型**

麼樣子。

　　變成圖 2-5 以後，你覺得如何，如果我們用最簡單的「進出」觀念來看，把上圖中屬於「效果」那一區塊的「民眾對政府的好感」當作一個蓄水池，你會覺得這個蓄水池只會受到「措施」那一區塊中「宣揚政績次數」這一個水龍頭所注入的水影響嗎？身為一般民眾，你一定不會這樣認為。你應該會覺得，「民眾實際的生活感受」才是決定民眾對政府是否有好感的關鍵因素，於是我們現在將「民眾實際的生活感受」也納入圖中，成為圖 2-6。

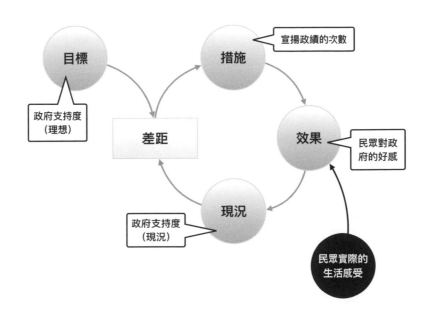

目標

措施　　宣揚政績的次數

政府支持度
（理想）

差距

效果　　民眾對政府的好感

現況

政府支持度
（現況）

民眾實際的
生活感受

▌圖 2-6　政府宣揚政績這件事的擴充版目標趨近模型 1

　　當圖變成圖 2-6 這樣，各位應該會發現，我們已經將一開始的直線思考逐步推展開來，慢慢往「面型」這種系統化思考的方向走。好，我們接下去看圖 2-7（見下頁）。

　　雖然圖畫到這裡時，我們還沒有辦法一窺系統的完整全貌，但透過圖 2-7 的黑色圓圈，你也已經可以看到在系統中起碼會有兩個因素同時去影響到屬於「效果」此一區塊的「民眾對政府的好感」，一個是「宣揚政績的次數」，一個是「民眾實際的生活感受」。

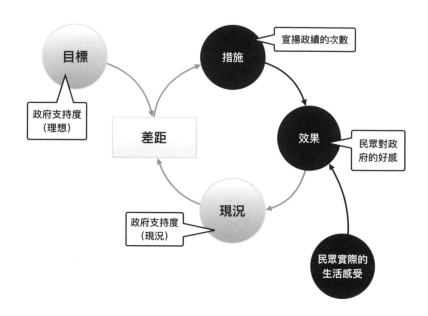

▍圖 2-7　政府宣揚政績這件事的擴充版目標趨近模型 2

如果此時我們還是像剛才一樣，假設「效果」那一區塊的「民眾對政府的好感」是個蓄水池，「措施」那一區塊的「宣揚政績的次數」是個不斷對水池注入水的水龍頭，同時把「民眾實際的生活感受」這一因素，假設為上面那個蓄水池中不斷漏水的大破洞，你會怎麼做呢？還會把蓄水工作的重心放在叫做「宣揚政績的次數」的水龍頭上嗎？

好，我們繼續看下去。假設我們透過圖 2-7，發現原有的思考忽略了「民眾實際的生活感受」這一因素，並且在詳細調

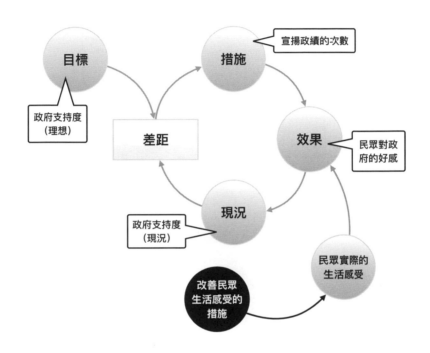

▌圖 2-8　政府宣揚政績這件事的擴充版目標趨近模型 3

查後發現，「民眾對政府的好感」主要取決於「民眾實際的生活感受」，那麼如果我們想要提升民眾對政府的好感，就必須要採取措施來改善「民眾實際的生活感受」，讓民眾覺得生活是幸福的。於是，我們思考的圖形就會變成圖 2-8 這樣。

　　圖畫到這裡，系統已經慢慢展開，我們強調的另一個因素「因果回饋」也要上場了。現在，讓我們把圖形中區塊的顏色稍微變換一下，變成圖 2-9。

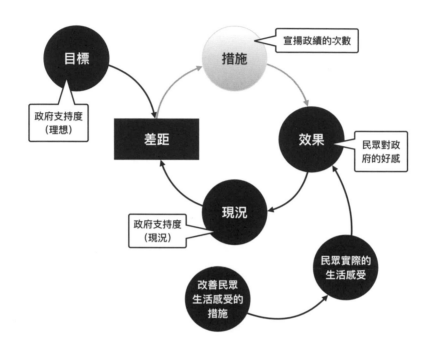

▌圖 2-9　政府宣揚政績這件事的擴充版目標趨近模型 4

　　系統化思考中很強調因果回饋。在圖 2-9 中，「改善民眾生活的措施」會影響到「民眾實際的生活感受」，那麼這個「影響」到最後會怎麼樣回過頭來影響到「改善民眾生活的措施」這一區塊本身呢？如果你再仔細利用圖 2-9 思考一下，你會發現，它就如同圖 2-10 中的虛線一樣（見右頁）。

　　透過這一條新增加的虛線，從「改善民眾生活的措施」這一區塊產生的影響，最終會回到他自己身上，也就是說，當政府把

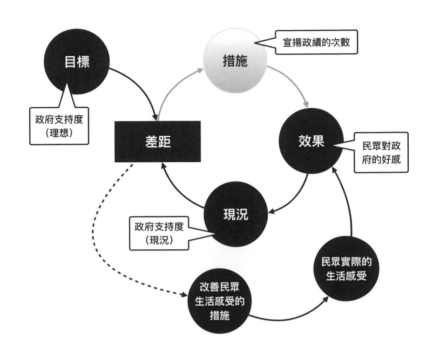

圖 2-10　政府宣揚政績這件事的擴充版目標趨近模型 5

　　經費投注在改善民眾生活的措施上以後，民眾實際的生活感受就
會變好，接著對政府的好感也就增加，於是政府的支持度就會上
升，而隨著支持度不斷上升，政府持續投注資源在「改善民眾生
活的措施」的意願就可能產生各種變化。

　　各位不要看圖 2-10 中黑色圓圈形狀奇怪，其實它就是你剛
才看過的規則一，也就是圖 2-1，如果不信，你可以上下比較一
下相關位置：

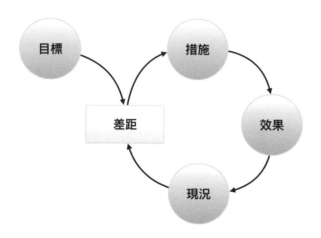

▌圖 2-1　目標趨近

　　從以上的例子中，我們可以知道，單用與語言相同的直線結構去思考，將很不容易把問題系統化，最終導致在思考決策時，既容易忽略一些重要環節，也看不出整個系統的因果回饋循環，然後將解決問題的資源一股腦全部放在錯誤的地方。但是一個很簡單的圖形思考規則，卻可以讓你在思考時避掉這些陷阱。

　　看到這裡，或許有人一樣會說，不用上面的方法一樣可以得到相同的結論。沒有錯，不用我們所說的方法，或許一樣可以得到相同的結論，但就像我們剛才說的，不用我們的方法，你將很容易在制定策略的階段忽略兩個致命的關鍵因素，那就是「時間滯延」與「後遺症」。現在我們就以「時間滯延」為例，來看看納入「時間滯延」這一因素後的思考，會發展出什麼策略？

　　首先，這個例子中會產生「時間滯延」的就是政府所採取
「改善民眾生活感受的措施」，因為從採取措施到發生效果，一定
需要一些時間，於是就有了圖 2-11：

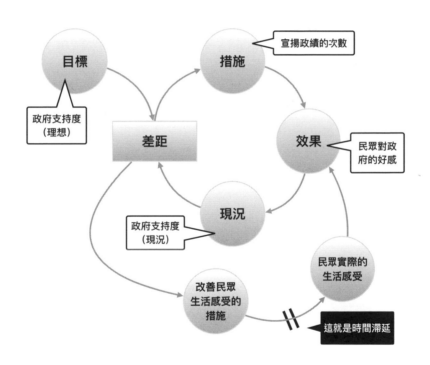

▌圖 2-11　政府宣揚政績這件事的擴充版目標趨近模型 6

　　現在，看到可能產生「時間滯延」的是政府所採取「改善民眾生活感受的措施」時，我們要採取什麼配套措施來應對呢？就以政府想要採取的「宣傳」手段來說好了，如果此時要你用宣傳手段解決時間滯延的問題，請問你會把宣傳的重點放在哪裡呢？是去宣傳「政績」，還是把宣傳的重點與創意放在「勿求速效的心態」以及「加強等待效果的信心與希望」這兩件事情上呢？我們想答案是很明確的。看到這裡，各位不妨思考一下，如果決定將宣傳重心放在「勿求速效的心態」以及「加強等待效果的信心與希望」這兩件事情上，那麼宣傳措施及其效果這兩個要素要放在上頁圖中的哪一個位置呢？還會在它們原來的位置上嗎？

　　談完了「規則一」，現在來看看「規則二」到「規則四」。

為什麼要有規則二到四？

　　規則二：

　　圖形中的每一區塊都只能放入一個「名詞」。

　　規則三：

　　「現況」區塊中放的名詞，必須是會隨時間而累積或減少的東西。

　　規則四：

　　「現況」與「目標」區塊中的名詞，必須可以用同一種單位來衡量。

　　會有這三個規則，其實是為了輔助你去畫出「規則一」當中的圖 2-1。

　　剛才提到過，我們的思考受語言影響很深，而語言的架構是直線式的；但其實語言還有一種特性，那就是語言架構本身所注重的，是各種詞彙在詞性上的分類（像是主詞、動詞、形容詞、副詞等等），而非這些詞彙在其意涵上的分類，因此我們的思緒不但是直線式的，還相當複雜與混亂，夾雜了許多本來分屬不同層面、種類與含義的字詞，而這就阻礙了我們利用規則一的圖形去思考。你會在一開始就覺得思緒太過複雜，根本無法直接套用規則一的圖形。

　　但是當你只能在圖形中塞入名詞，同時有些地方還限定所放名詞必須要能用同一種單位來衡量的時候，你就必須耐心地將複雜思緒拆解開來，於是你將會看見，這些規則能有效幫助你去推展思考，不但讓你發現一些存在於系統中卻被你忽略的東西，還提醒你不要把一些根本不能放在一起評價的東西胡亂牽扯在一起，模糊焦點。我們就以剛才的圖 2-11 為例。

　　在規則四中，我們要求「現況」與「目標」區塊中的名詞必須可以用同一種單位來衡量。這是為什麼呢？原因很簡單，答案就在以下這個再簡單不過的數學式中：

目標－現況＝差距

　　各位對這個數學式應該都沒有什麼疑義，那麼我相信各位一定也知道一個最基本的道理，那就是單位不同的東西不能放在一

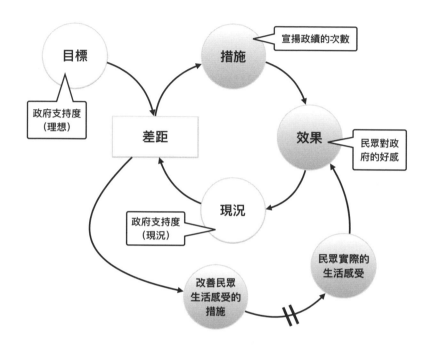

▎圖 2-11　政府宣揚政績這件事的擴充版目標趨近模型 6

起相加減。想想，你要是看到你孩子的數學作業，長成下面這個樣子，你會做何感想？

　　5 公尺＋ 2 公斤＝？

　　你可能會召集其他家長去找立委陳情。不過，這麼荒謬的事情，其實你每天都可能會碰到，就如同我們剛才說的，由於語言結構裡注重的是詞性上的分類，而不是意義上的分類，因此，你每天利用語言來思考跟溝通的時候，其實都可能會把不能放在

一起評價的東西混在一起比較與思考，就好像上面那個數學式一
樣。而這樣就可能導致思考與溝通一團亂。各位應該都有相同的
經驗，那就是開會的時候，大家為了堅持己見爭得面紅耳赤，結
果浪費了好多時間，最終才發現各自所堅持的意見，其實在關注
的焦點上並不相同，著眼的完全是不同層面，根本不能直接拿來
互相比較、評價。因此，如果我們能善用規則四的原則，將可有

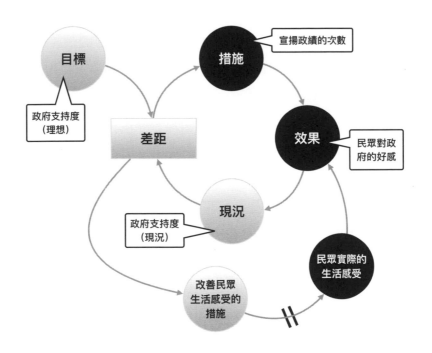

▌圖 2-12 政府宣揚政績這件事的擴充版目標趨近模型 7

效釐清思緒上的混亂。就以圖 2-12 為例。

　　除了「目標」、「差距」與「現況」，在圖中黑色圓圈也可以看到一樣的概念。各位可以看到，由於在評量政績宣傳的效果時，最有效而直接的方式之一就是去看「民眾對政府的好感是否產生變化」；而要去評量民眾在實際生活中的感受，最直接而有效的方式之一，也是去看「民眾對政府的好感是否產生變化」，因此，當我們在圖形中看見這三個相連的黑色圓圈時，會覺得他們關注的焦點相同，是可以直接放在一起被評價與討論的，並不突兀。不過，各位可千萬不要忘記了，這三個黑色圓圈並不是一開始就同時出現在這張圖上，而是透過圖形思考的幾個規則，自然而然逐步形成的。

　　此外，當圖中只剩名詞的時候，你會發現言語與思緒中的動詞，已經被帶有箭頭的連接線代替了，這時你將可以透過圖形輕易看見很多環節之間的「因果回饋」，而且還能看見很多環節之間的影響有「時間」上的先後順序。

　　最後，我們之所以要求在「現況」區塊必須放入一個會隨時間而累積或減少的名詞，是因為這樣一來，你不但能夠直接將「時間」這個一直存在，但極不容易在語言結構中顯現的因素納入考慮，而且可以透過觀察與統計，看到這個名詞在不同時期的累積與變化，讓「動態複雜」的影響效應在你眼前清楚呈現。

　　簡單來說，透過這些規則，你不但可以拓展思考範圍，把與

問題有關的系統展開，而且可以清楚看見這些系統中的「因果回饋」、「時間」以及「反效果或後遺症」，最終讓你在思考解決動態複雜問題時，撥開迷霧，聚焦核心。

第3章

鍛鍊動態達標系統思考力

「直覺」這兩個字可以有很多種意義與用途，但對我們而言，它代表的是一種思考習慣。當你使用一種特定的思考方式久了之後，你就會覺得這種思考方式很方便、很順手、很快速。於是，當你碰到問題時，便會在不自覺間使用這種思考方式去迅速想出一個解決方案。以九九乘法表為例，它是一種我們在計算數字時會使用的思考方式，在剛剛開始使用它來計算數字的時候，每個人可能都是拿著印好的九九乘法表慢慢找答案，或是不管碰到的數目為何，都像念經一樣，從頭到尾背一遍。但在熟練並且使用成習慣之後，使用它來算數的速度就會快到讓人以為自己不曾思考過，說出答案只是一種直覺反應。

雖然第二章系統思考的思維模式偏向「反直覺」，但是我們希望大家日後都能做到「直覺」地使用出系統思考，達到動態複雜問題解決「治標又治本」的目的。

有鑑於此，本書特別選定與個人職場成功有關的五個重要關鍵課題，分別是「問題解決」、「職場升遷」、「向上管理」、「開會高效」、「專案管理」，針對這五個課題各自設計其動態達標的系統思考結構，並輔以職場個案逐步操作解說，以利大家能立即上手應用系統思考與同步增強自我職場競爭力。

另一方面，這五個重要關鍵課題就像五顆齒輪，每一顆都需要藉助系統思考來推動其運轉，系統思考運用能力越強，就有機會讓每一顆齒輪轉得越快，每一顆齒輪轉得越快，代表此關鍵課題的達標成效越好。並且每一顆運轉良好的關鍵課題齒輪都還有

機會帶動其他關鍵課題齒輪加速運轉，如「問題解決」與「向上管理」可以有效加速「職場升遷」，「問題解決」與「開會高效」可以有效加速「專案管理」，「專案管理」與「向上管理」可以有效加速「開會高效」等，達成各關鍵課題「借力使力」、「良性循環」的境界，如圖 3-1 所示。

　　本書的第四章至第七章就要介紹這五個重要關鍵課題如何透過系統思考來順利動態達標，課題的概要簡述如下：

▌ 圖 3-1　五個重要關鍵課題齒輪

「問題解決」與「職場升遷」的動態達標系統思考（第 4 章）

　　第二章介紹的系統思考只是簡單的目標趨近概念，並未展現出「反效果或後遺症」的分析方式，然而「反效果或後遺症」的全貌呈現正是動態複雜問題最重要的解題關鍵。因此我們量身定做了「八爪章魚覓食術」的實用系統思考方法，來有效進行具有「反效果或後遺症」的動態複雜問題之解決工作。並實際應用於兩個與職場升遷常見的相關問題，「為何我花更多時間專注努力於分內工作與取得更多證照，卻還是沒有被主管列入升遷的候選名單？」、「功高震主，會不會被主管背後捅刀反成升遷阻力？」來驗證八爪章魚覓食術的方法可行性，並提出這兩個職場升遷問題的具體解決方案。

▋圖 3-2　系統思考推動「問題解決」與「職場升遷」關鍵課題齒輪

「向上管理」的動態達標系統思考（第 5 章）

藉由章魚頭的系統思考架構裡加入「關鍵要因」名詞，可以讓我們的思維更接近老闆做事想法的「遠見」，而非下屬做事想法的「視線」。為了讓大家更容易瞭解與活用「向上管理」的動態達標系統思考，我們用蘇秦合縱六國一起抗秦的故事來具體說明，如何運用章魚頭系統思考與高階專案管理（專案集管理）來成功說服老闆給你專案。

▌圖 3-3　系統思考推動「向上管理」關鍵課題齒輪

「開會高效」的動態達標系統思考（第 6 章）

　　在第 6 章裡，我們把會議設計成三次不同類型且目的清楚的會議依序召開，分別是啟動會議、分析會議與決策會議，並將所提出的「我要當 Why 人」、「八爪章魚覓食術」、「乾坤大挪移」三種方法各自融入於上述三類會議中。接著藉由實際應用於討論「為什麼增聘業務人員，一段時間後會員不但沒大幅增加反而還減少？」的會議個案，來展現「開會高效」的動態達標系統思考之適用性。

▊ 圖 3-4　系統思考推動「開會高效」關鍵課題齒輪

「專案管理」的動態達標系統思考（第 7 章）

由於專案管理源自系統管理，專案管理被視為是系統管理的應用，所以專案的本質就是系統。因此第 7 章將透過「八爪章魚覓食術」實際應用於解決企業專案加班的問題與專案利害關係人的衝突問題，來展現「專案管理」的動態達標系統思考之有效性。

▌圖 3-5　系統思考推動「專案管理」關鍵課題齒輪輪

第4章

「問題解決」與「職場升遷」
的動態達標系統思考

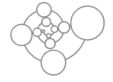

　　各位還記得我們在第一章曾經談過細節複雜比較像是「拼圖」的概念，動態複雜比較像是「下棋」的概念。**那各位覺得職場升遷的問題是比較像「拼圖」的問題，還是「下棋」的問題？**

　　如果升遷的問題像「拼圖」，就會變成藉由魚骨圖與心智圖分析出許多跟升遷有關的重要工作或任務（細節很多的特性），只要完成這些工作或任務，最後結果必然就是升官（結果或問題固定的特性）。

　　如果升遷的問題像「下棋」，你努力向前邁進的每一步棋不僅會影響其他人的下一步棋（想往上爬的不只你一人，還有你這一步棋有沒有得罪什麼人），還會影響自己的整體布局形式，過程中應該是順境逆境交錯的動態發展，並且結局變化難以全盤由

自己掌握（操之在直屬主管或更高階主管手中）。

　　所以升遷較像動態複雜的問題，適合使用系統思考的方法來分析解決。

　　由於第二章的系統思考只是簡單的目標趨近概念，並未實際展現出「反效果或後遺症」的分析方式，然而「反效果或後遺症」的全貌呈現正是動態複雜問題最重要的解題關鍵。因此我們量身定做了「八爪章魚覓食術」的實用系統思考方法，來有效進行具有「反效果或後遺症」的動態複雜問題之解決工作。接下來我們會利用兩個職場升遷常見問題的案例，同時展示八爪章魚覓食術在「問題解決」與「職場升遷」如何動態達標。

職場升遷案例 1：為什麼忙到死，升上去的卻不是我？

　　問題：為何我花更多時間專注努力於分內工作與取得更多證照，卻還是沒有被主管列入升遷的候選名單？

　　這個問題大家應該都有深刻感受，以下我們透過三個步驟來教大家如何利用「系統思考：八爪章魚覓食術」有效分析這個升遷案例的窮忙窘境。

八爪章魚覓食術步驟 1「問題的定義」：章魚頭繪製

　　任何問題在解決之前，首要任務就是定義問題。一般問題的定義如圖 4-1 所示，由理想狀態（目標）、現實狀態（現況）與差距所組成。當目標與現況間出現差距時，可能意味著出現了問題。通常差距越大，問題的嚴重程度也越高。

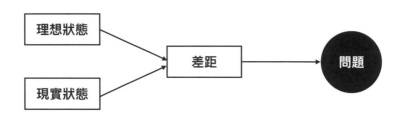

▌圖 4-1　一般問題的定義

　　假設在這個案例裡，我被主管升遷的可能性之現況為 30%，
自我要求的目標為被主管升遷的可能性達到 100%，此時目標與現
況間發生了 70% 的差距，所以問題的定義即為「升遷困難」，如
圖 4-2 所示。

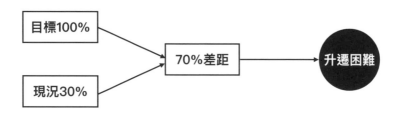

▌圖 4-2　升遷困難的問題

　　這時，我們便會採取相應的措施或對策，希望藉著措施或對
策的產出或效果來改變現況，以期縮小與目標的差距，進而解決
問題。上述問題定義的「目標」、「現況」、「差距」與採取的「措
施（對策）」和其「效果（產出）」五個名詞即為章魚頭的核心結

構，如圖 4-3 所示。

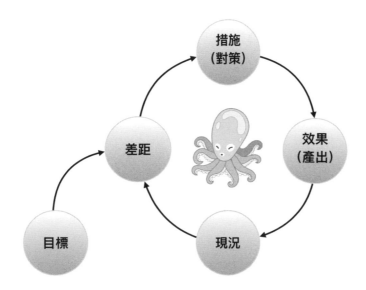

▌圖 4-3　章魚頭的結構

　　章魚頭繪製同樣需要遵循系統思考的四個規則。

規則一：

　　箭頭的連接線需解讀成「影響」的意思，如圖 4-4。箭頭兩側表示兩個名詞之間的因果互動關係，例如：效果→現況，代表效果（因）會影響現況（果），影響方式有四種：效果越好則現況越好、效果越好則現況越差、效果越差則現況越好、效果越差則現況越差。

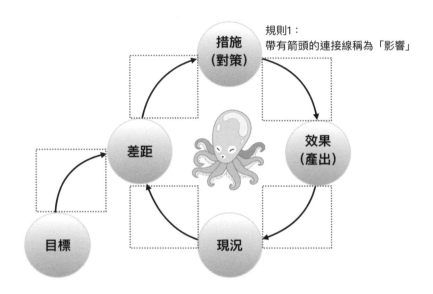

▌圖 4-4　章魚頭繪製的規則一

規則二：

圖中的每一區塊都只能放入一個「名詞」，如圖 4-5。

規則三：

「現況」必須是會隨時間累積而增加或減少的東西，如圖 4-6。

規則四：

「現況」與「目標」區塊中的名詞，必須可以用同一種單位來衡量，以利具體反映差距，如圖 4-7。

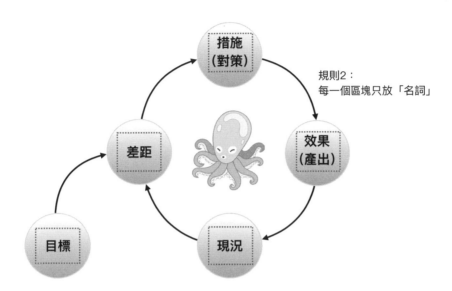

規則2：
每一個區塊只放「名詞」

▌圖 4-5 章魚頭繪製的規則二

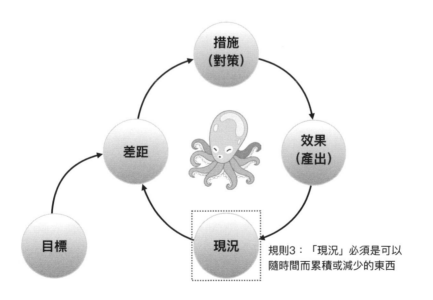

規則3：「現況」必須是可以
隨時間而累積或減少的東西

▌圖 4-6 章魚頭繪製的規則三

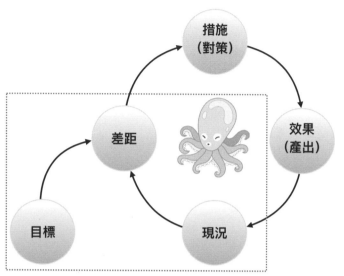

規則4：「目標」必須能與現況用同一種單位加以衡量，以利具體反映差距

▋**圖4-7　章魚頭繪製的規則四**

　　依照上述原則，升遷這個案例的章魚頭繪製如圖 4-8 所示。即「我被主管升遷的可能性之現況」為 30%，「我被主管升遷的可能性之目標」為 100%，「差距」為我被主管升遷的可能性之差距，「對策」為分內工作專注努力的程度與證照取得的數量，「效果」為被主管肯定的程度。當被升遷可能性的差距越大，花在努力分內工作的程度就要越高，並且證照取得的數量就要越多。分內工作有好品質與擁有更多證照，被主管肯定的程度就會越高。主管肯定的程度越高，被升遷的可能性就越高。隨著時間發展，現況可能性會越來越趨近我們的目標可能性。

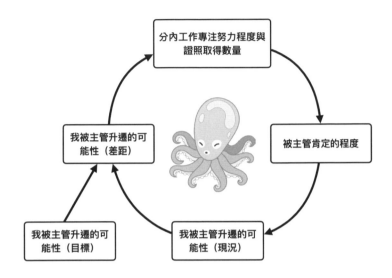

■ 圖 4-8　升遷案例的章魚頭

八爪章魚覓食術步驟 2「問題的反效果或後遺症分析」：章魚爪子覓食

問題：為何我花更多時間專注努力於分內工作與取得更多證照，卻還是沒有被主管列入升遷的考量名單？

在《第五項修練》一書提及，「顯而易見的解往往無效」。在日常生活中，應用熟悉的方法來解決問題好像最容易，因此我們往往固執地使用自己最瞭解的方式。當我們努力推動熟悉的解決方案，而根本的問題仍然沒有改善，甚至更加惡化時，就極可能是「非系統思考」的結果。猶如船隻在充滿冰山的水域航行，只看見了冰山水面上可見的部分，卻忽略了隱藏在水面下的部分，

需知冰山下的體積是冰山上的數倍而且是橫向延伸，所以船隻撞到的通常都是隱藏在水面下的冰山。所以解決問題時，如果無法掌握冰山全貌，就貿然只針對看得見的部分處理，問題於日後依然會重現，只是時間延滯的長短而已。在這個升遷案例，分內工作專注努力的程度與證照取得的數量會不會類似「顯而易見的解」？另一方面，在《第五項修練》一書也提及「對策可能比問題更糟」。有時候容易的或熟悉的解決方案不但沒有效果，反而造成極危險的反效果或後遺症。比方說，有些人以飲酒來消除壓力，沒想到卻養成酗酒的惡習。應用非系統的解決方案，在日後常需投入更多心力去解決反效果或後遺症。所以在這個案例，你看到自己冰山水面上可見部分，就是花更多時間專注在分內工作與取得證照，會不會也有可能存在「對策可能比問題更糟」的反效果或後遺症？

　　有鑑於此，我們接著進行冰山下的因果關係推論：花更多時間專注在分內工作與證照學習的取得上，是否會有反效果或後遺症？

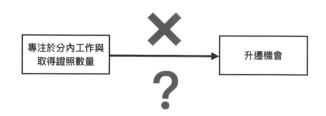

　　自身對策的反效果或後遺症較容易發現，觀察自身有無異常的警訊或他人對待自己的反應變化，都能有效協助找出。

　　由於升遷的問題像「下棋」，你努力向前邁進的每一步棋不僅會影響其他人的下一步棋（想往上爬的不只你一人，還有你這一步棋有沒有得罪什麼人），還會影響自己的整體布局形式。

　　所以升遷這類動態複雜問題的反效果或後遺症，通常都跟你與利害關係人的互動影響有關。我們先從你與同部門同事的互動關係來探討：如果想讓分內工作專注努力的程度更高與證照取得的數量更多，就會只想把時間都花在分內工作與證照補習上，一旦部門同事有事求助於你，而且會花費你不少時間，你可能就會找出各種冠冕堂皇的理由來閃躲，久而久之，總是「獨善其身」的態度表現就會讓同部門同事對你評價不佳，不好的評論流傳開來會嚴重傷害你的人際關係，人際關係不良的標籤就有可能影響主管對你的看法，進而阻礙你的升遷之路。所以在職場上過度的「獨善其身」可能造成部門同事對你有不好的評論，讓升遷出現不進反退的反效果或後遺症，正如隱藏在水面下的冰山。

　　我們把上述資訊整理成更加細化的因果關係，如下頁圖所示。

　　我們可以發現，「分內工作專注努力的程度與證照取得的數量」與「我被主管升遷的可能性（現況）」在圖 4-8 章魚頭裡也有出現，因此我們可以整合圖 4-9 與 4-8，成為圖 4-10。圖 4-10 裡的「分內工作專注努力的程度與證照取得的數量」、「只想把時間都花在自己分內工作與證照補習的意願」、「不願花時間協助同

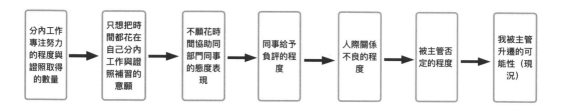

■ 圖 4-9 獨善其身議題之你的冰山隱藏在水面下部分的詳細因果關係

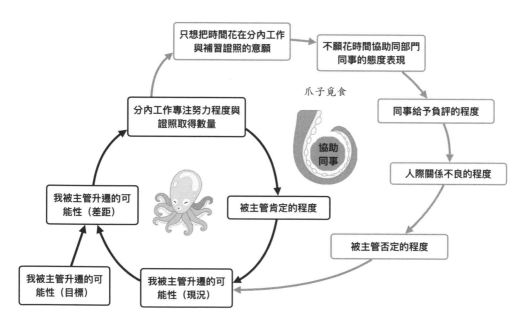

■ 圖 4-10 整合圖 4-9 與圖 4-8

部門同事的態度表現」、「同事給予負評的程度」、「人際關係不良的程度」、「被主管否定的程度」、「我被主管升遷的可能性（現況）」所構成的形狀，類似章魚伸出爪子抓食物，抓到食物後再將其捲回至章魚頭的覓食動作。

　　同部門同事分析完後，接著我們探討與跨部門同事的互動關係：如果想讓分內工作專注努力的程度更高與證照取得的數量更多，這時就會想把時間都花在分內工作與證照補習上。一旦主管徵求誰願意主動去支援跨部門的專案，由於協助跨部門專案需要花費不少時間，所以你通常是第一個出來婉拒的人，久而久之，主管就再也不會把你列入跨部門專案支援的徵詢名單裡面。「婉拒專案」等於失去跨部門溝通與有效培養協作的機會，跨部門溝通與協作能力不足，就有可能影響主管對你的看法，進而阻礙你的升遷之路。所以在職場上過度的「婉拒專案」，可能造成主管對你產生溝通與協作能力不足的印象，讓升遷出現不進反退的反效果或後遺症，正是這個問題隱藏在水面下的冰山部分。

　　我們把上述資訊整理成更加細化的因果關係，如下頁所示。

　　我們可以發現圖 4-11 的「分內工作專注努力的程度與證照取得的數量」與「我被主管升遷的可能性（現況）」在圖 4-8 章魚頭裡也有出現，因此可以把圖 4-11 與圖 4-8 進行整合成為 4-12。圖 4-12 裡的「分內工作專注努力的程度與證照取得的數量」、「只想把時間都花在自己分內工作與證照補習的意願」、「跨部門專案支援婉拒的程度」、「跨部門溝通與協作有效培養失去的

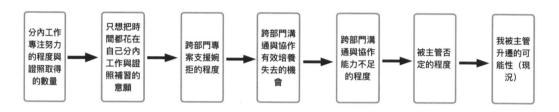

▌圖 4-11　婉拒專案議題之你的冰山隱藏在水面下部分的詳細因果關係

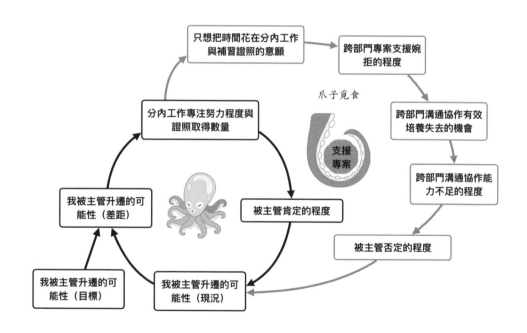

▌圖 4-12　整合圖 4-11 與圖 4-8

機會」、「跨部門溝通與協作能力不足的程度」、「被主管否定的程度」、「我被主管升遷的可能性（現況）」所構成的形狀類似章魚伸出爪子抓食物，抓到食物後再將其捲回至章魚頭的覓食動作。

再把圖 4-10 與圖 4-12 整合成圖 4-13，就可以看見升遷這座冰山的動態複雜全貌。

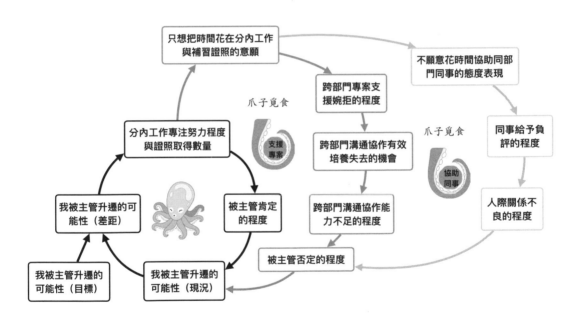

▌圖 4-13　整合圖 4-10 與圖 4-12

　　我們把水面下的冰山推論簡化成從章魚「伸出八爪覓食」與
「將食物捲回口中」兩個簡單步驟，讓大家更容易使用。當章魚
頭繪製完成後，接著再由章魚頭上的組成名詞（如：目標、現
況、差距、對策、產出）進行問題的發散思考（類比為章魚伸出
爪子抓食物），例如：採取的策略是否有其反效果或後遺症，以
及反效果或後遺症會影響哪些利害關係者，差距沒變小會如何，
以及差距沒變小會影響哪些利害關係者，如圖 4-14 所示。之後
再進行收斂思考（類比為章魚爪子抓到食物後再將其捲回至章魚
嘴中），例如：反效果或後遺症所影響的利害關係者會不會一段
時間後再影響到我們的問題，差距沒變小所影響的利害關係者會

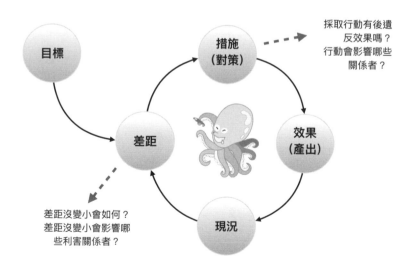

█ 圖 4-14　問題的發散思考：伸出八爪覓食

不會一段時間後再影響到我們的問題，如圖 4-15 所示。

八爪章魚覓食術步驟 3「配套措施研擬」：乾坤大挪移

當你完成了以上的八爪章魚覓食圖，就能看清楚你想擺脫的窮忙到底長什麼樣子。這時候你需要做的就只是盤點現有資源，並針對現有的做法或即將想要採行的做法，找出可以消除或降低各種反效果或後遺症的配套措施，然後擬定方案，並一步一步地實施。

例如在圖 4-13 裡，我們很容易找出窮忙的兩個關鍵就是「不願花時間協助同部門同事的態度表現」和「跨部門專案支援

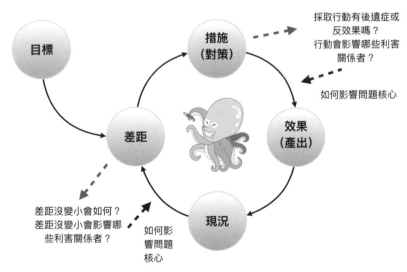

▌圖 4-15　問題的收斂思考：將食物捲回口中

婉拒的程度」，如圖 4-16 所示。假使我們把圖 4-16 的「分內工作專注努力的程度與證照取得的數量」改為「分內工作努力與證照取得之量身定做的程度」，量身定做的程度越高，就比較不會把時間都花在自己分內工作與證照補習上，也願意花時間協助同部門同事與支援跨部門專案。這時，「不願花時間協助同部門同事的態度表現」和「跨部門專案支援婉拒的程度」的一連串不良影響就會消失，反而產生了兩個良性循環，猶如乾坤大挪移般，更有效推升我們被主管肯定的程度，如圖 4-17 所示。

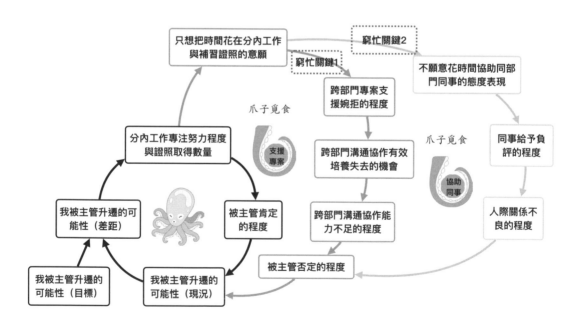

圖 4-16　升遷窮忙關鍵分析

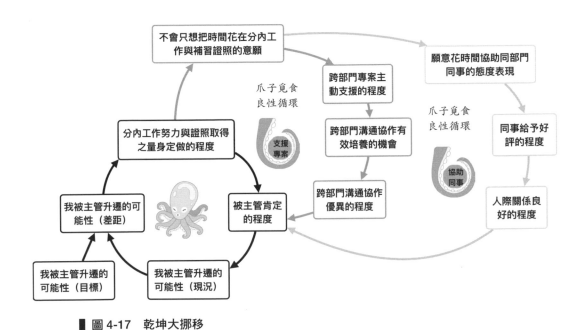

▍圖 4-17　乾坤大挪移

　　由上述可知，分內工作、證照取得與跨部門專案支援的處理方式和時間安排都需要量身定做，然而「量身定做」並非只是單純列出待辦項目，然後粗估待辦項目所需花費的時間。這樣的規劃方式時常忽略實際執行的可行性，做法都太理想與太一廂情願，很容易導致「量身定做」的計畫無法順利落實而淪為窮忙。

　　因此我們建議，在職場工作上需要制定任何量身定做的相關計畫時，可以採用以下三項關鍵祕訣來提高執行的成功率。

1. 找出有價值的待辦項目並排序處理

　　我們要記住人非機器，無法適用工廠固定時間排班生產方式的規劃。人的做事效率不但會受週遭工作環境、天氣變化、情緒、身體狀況、利害關係人干擾等因素的影響，隨著時間發展，做事的效率與專注力也會逐漸降低，所以最有價值的工作必須要先釐清找出先做。各位去吃到飽餐廳，因為價格高與用餐時間有限制，所以會優先挑選自己認為最有價值的食物先吃，只要吃到幾樣高價值的餐點，今天就不虛此行。如何找出有價值的待辦項目並排序處理，敏捷專案管理的 MoSCoW 排序法就非常適用，方法簡單說明如下：

　　把所有條列的待辦事項分成 M、S、C、W 這 4 群：

- 一定要 M（Must have）：最基本的，必須要有。
- 應該要 S（Should have）：重要的，應該要有。
- 可以要 C（Could have）：有加分功能，可以選擇要也可以選擇不要。
- 不需要 W（Would not have）：目前不重要，沒時間時可以擱置，以後再說 。

2. 待辦項目時間估算要有風險思維

　　待辦項目時間估算要有風險思維，不能做太樂觀估算，避免實際執行不易。三時估計法是專案管理常用的一種具有風險思維之作業時間估算方法，可以估計任何一項作業進行所需時間，

其中包含樂觀時間、悲觀時間以及最可能時間。估計出此三種時間後，最後再利用三時估計法的計算公式確定這項作業的期望時間，即期望時間 =（樂觀時間 +4× 最可能時間 + 悲觀時間）/6。

例如專案某一工作任務完成的樂觀時間為 2 小時、悲觀時間 4 小時以及最可能時間 3 小時，因此這個待辦項目的期望時間就為 3 小時：（2+4×3+4）/6=3

3. 逐步精進規劃

各位想想你以前的暑假作業是如何規劃的，放暑假前所擬定的暑假作業撰寫計畫於實際開始執行時是不是只有三分鐘熱度？如果執行不如預期，而暑假作業期限只剩一個月，這時一定得修改原來的計畫才能趕上進度。一開始，雖然你有訂好的目標和計畫，但隨著計畫或專案開始逐步進行，你對現況的限制、困難與干擾為何，會瞭解得越來越多，要隨時依據所獲得的資訊不斷進行決策與修正，讓計畫與專案維持在正軌上。記住，「量身定做」是隨時間動態變化的逐步精進規劃，並非一次性不隨時變的靜態規劃。

職場升遷案例 2：功高震主，會不會被主管背後捅刀反成升遷阻力？

案例 1 升遷的問題分析了兩個重要利害關係人（同部門的同事、跨部門同事）的影響，難道職場上就只需要搞定這兩個利害

關係人就能順利升遷嗎？當然不是，別忘了升遷的本質就是會隨時間變化與利害關係人複雜的問題。其實還有兩個更難擺平，屬於大魔王等級的利害關係人沒有出現，我們將運用以下功高震主職場升遷情境案例，來仔細分析這兩個尚未出現的利害關係人之影響，也請你跟著我們把八爪章魚覓食術再演練一次。

功高震主職場升遷情境案例

　　Ａ君在某跨國管理顧問公司中負責對大型公共服務事業機構提供協助的單位任職，是一位待了五年的資深員工。最近他覺得單位主管似乎有意防著他，他懷疑是否是因為自己最近有機會陪大老闆（高階主管）出席一些重要應酬，表現太好，屢獲稱讚，光芒有點蓋住單位主管，功高震主了。於是終日惶惶不安，深怕單位主管越來越刁難他，或是在大老闆（高階主管）面前給他穿小鞋。真是要如他所想，到時候連怎麼死的都不知道。

　　在以上這段情境裡，除非你本人是單位主管肚裡的蛔蟲，或是你在進入公司之前有段不為人知的過去，具備高科技全面監控單位主管的手段，否則就只能一點點靠事情的發展來印證自己的猜測了。然而人的思維往往有主觀偏向性，一旦你心中已有擔憂，那麼你對事物的解讀往往就會偏向你的擔憂。明明單位主管今天只是因為長期便祕，身體不適而感到痛苦，面色較為嚴肅。

你卻很可能在資訊不足的情況下，解讀成單位主管開始對你不懷善意了。等到了第二天，他因為看過醫生，終於解除便祕之苦，開始笑臉迎人，你卻可能會開始擔心，這笑面虎是否又有了新一輪陰謀。

　　現在，請你跟我們一起來處理這個情境。首先，在這樣的情境裡，我們僅憑直觀就能判定的利害關係人便是我們的單位主管，因此我們先利用系統思考八爪章魚覓食術去呈現我們內心對單位主管的猜測。

　　我們通常認為工作表現會決定我們在公司的去留或升遷，而我們現在怕單位主管背後捅刀，也是擔心他的行為會影響到我們在公司的去留或升遷。因此，可以先用章魚頭畫出我們一般的認知（圖 4-18）：

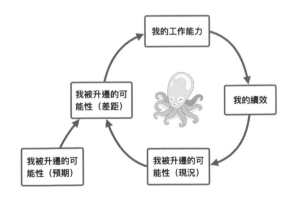

▋ 圖 4-18　職場實際案例的章魚頭

然後，如果要把單位主管的背後捅刀行為加進這張圖，你覺得會影響的是圖中的哪一環節呢？我們初步是這樣認為的：

- 由於績效好壞是最直接影響升遷，所以發想可以從績效出發。
- 想一想難道績效只跟工作能力有關嗎？
- 應該還會跟能表現能力的工作機會多寡有關吧！
- 然而這樣的機會多不多，很可能就跟主管想打壓我的程度有關！

上述因果關係，如圖 4-19 中的深灰色部分所示。

其實觀察與繪製章魚爪子時，除了可以從頭部的名詞延伸出發，也可以從章魚爪子把食物送回章魚頭的那端回推。圖 4-19 灰色部分的思考就是這樣一種演示。接下來，說到績效。

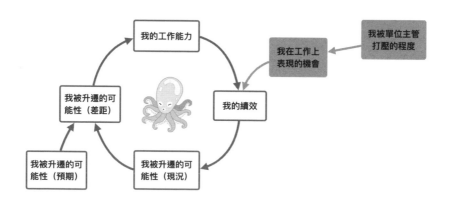

┃ 圖 4-19　考量背後捅刀行為的修改圖

難道我的績效只會影響我個人嗎？

在許多大型公司裡有個種子理論，就是個人績效會影響單位績效，而單位績效則會影響單位主管的績效，於是圖 4-19 變成圖 4-20 這樣。圖 4-20 裡的「我的績效」、「單位績效」、「單位主管的績效」、「單位主管打壓我的意願」、「我被單位主管打壓的程度」、「我在工作上表現的機會」所構成的環路形狀就是爪子覓食。

圖 4-20 顯示，如果我是單位裡的績效王，我的績效會嚴重影響單位整體與單位主管的績效。這時單位主管想要打壓我，他可能需要想想這樣有沒有可能傷到他自己。損人不利己的事通常不太會有人做。因此如果你直觀上覺得單位主管會背後捅刀，這張圖剛好提醒你，先想想他有沒有這樣做的強烈動機。

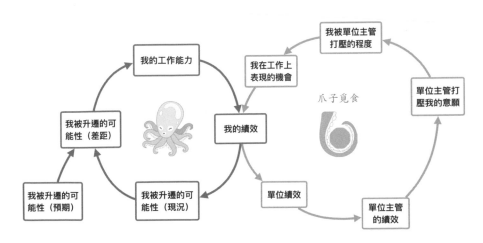

▌圖 4-20　考量個人績效影響單位績效的修改圖

　　看到圖形這樣的發展與變化，有沒有開始想到「投鼠忌器」這個成語了呢？其實很多單位主管可能並沒有大家想得那麼恐怖，這並不是因為人心的善良，而是因為大家在職場上的利害相關，休戚與共。

　　還有在一開始的情境裡，你是因為高階主管屢屢稱讚你，而開始擔心單位主管對你感到不適與敵對感，進而產生打壓你的念頭。我們把這段描述繪入圖 4-20，便形成圖 4-21。圖 4-21 裡的「我的績效」、「高階主管對我賞識的程度」、「單位主管對我

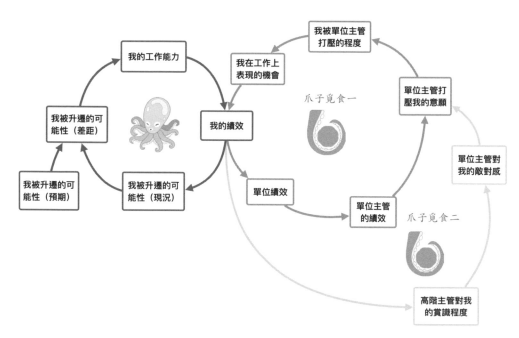

▋ 圖 4-21　考量個人績效影響高階主管的修改圖

的敵對感」、「單位主管打壓我的意願」、「我被單位主管打壓的
程度」、「我在工作上表現的機會」所構成的環路形狀就是爪子覓
食。此時圖 4-21 便有了兩根爪子覓食，即為既有的爪子覓食一
與新增的爪子覓食二。

　　由於你覺得單位主管產生打壓你的念頭，接著你就會懷疑
單位主管還有可能在高階主管面前做出貶低你的行為，來影響
高階主管對你的看法。我們把這段描述繪入圖 4-21，便形成圖
4-22。圖 4-22 裡的「高階主管對我賞識的程度」、「單位主管對

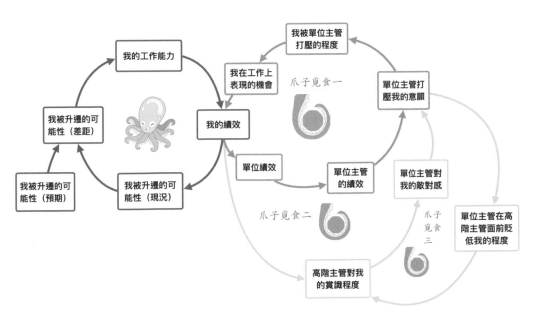

▌圖 4-22　考量單位主管影響高階主管的修改圖

我的敵對感」、「單位主管打壓我的意願」、「單位主管在高階主管面前貶低我的程度」所構成的環路形狀就是爪子覓食。此時圖4-22便有了三根爪子覓食，即為既有的爪子覓食一與爪子覓食二，和新增的爪子覓食三。

　　越是在大公司，組織層級越多，圖4-22這樣的情況發生的機率就可能越大，單位主管的貶低做法在短期內可能會收到他想要的效果。但長期來看，一旦身為績效王的你覺得付出收不到回報，就可能有跳槽或打算消極工作，那麼單位主管自己的末日可能也就不遠了。明朝權臣嚴嵩之所以能權傾朝野，很關鍵的一個原因在於他背後的人，也就是他的兒子嚴世藩。此人善於揣摩皇帝的心思並善於辨認皇帝龍飛鳳舞的筆跡，後來嚴世藩跟嚴嵩鬧翻，嚴嵩很快就失去了皇帝的歡心與信任。

　　圖4-21主要是考量我如何影響高階主管，圖4-22是考量單位主管如何影響高階主管，最後我們來思考高階主管如何影響單位主管。如果高階主管的績效與單位主管的績效有著強烈關聯，那麼單位主管的績效越好，高階主管對於單位主管的賞識程度就會越高。由於有了高階主管的直接肯定，所以單位主管對自己的敵對感就會大幅降低。我們把這段描述繪入圖4-22，便形成圖4-23。圖4-23裡的「我的績效」、「單位績效」、「單位主管的績效」、「高階主管對單位主管賞識的程度」、「單位主管對我的敵對感」、「單位主管打壓我的意願」、「我被單位主管打壓的程度」、「我在工作上表現的機會」所構成的環路形狀就是爪子覓食。此

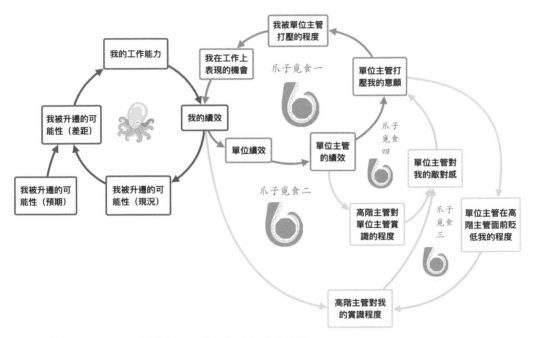

▋圖 4-23 考量高階主管影響單位主管的修改圖

時圖 4-23 有了四根爪子覓食，即為既有的爪子覓食一、爪子覓食二與爪子覓食三，和新增的爪子覓食四。

我們在一開始提到的情境，其實是典型的本位思考加直觀思考，這沒有不好，因為誰都是如此，但關鍵在於，思考不能僅僅於如此。

透過系統化、圖形化的系統思考八爪章魚覓食術，你會發現一開始的情境在圖形化的思考下，絕非只是單純單位主管是否可能忌妒你的問題，涉及的環節有以下這些：

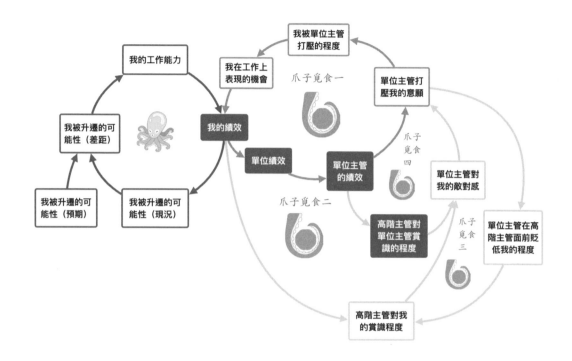

▎圖 4-24　實際案例涉及的重要環節（深色框部分）

　　在圖 4-24 中，你會看見你的績效、單位績效、單位主管的績效、高階主管對單位主管賞識的程度，都是影響問題的重要環節。

　　此時，思考解決方案或判斷問題是否存在的路便寬廣了起來。舉例來說，圖 4-24 中單位主管的績效，除了來自於單位的績效以外，有沒有可能還來自於另外一些屬於單位主管自身的績效指標呢？而單位績效與你的個人績效連動的指標又可能是些

什麼呢？

　　以設定的情境而言，A 君任職單位是協助大型公共服務事業。有鑑於這類事業通常有著寡占特性以及相當程度的公益性質，成本往往是影響獲利的重要因素。因此在 A 君的單位，主管可能會有一些單獨只屬於他的績效指標，例如對大型公共服務事業上下游產業鏈相關廠商提供併購相關服務的績效。而在單位及單位人員的績效指標上，除了一定會有的營業額以外，可能還會有服務成本、相關創新提案的件數與執行程度。

　　於是，假設我要我的主管對我投鼠忌器，不管是否喜歡我都必須看重我，那麼我就必須在他的績效指標與單位的績效指標中扮演不可替代的關鍵角色。那麼這時，你的視線就不能僅僅局限於自身的工作範圍了。你必須要對併購做些相關瞭解，好讓單位主管在你的提案或工作內容中，看見那些光芒只會跑到他身上的好處。另外在你自身的工作上，除了業務能力之外，成本概念與創新能力的提升也變得同等重要。

　　這些就是冰山在水面下方不容易被看見的地方，也是八爪章魚覓食術這種系統化圖形思考法專攻的地方。圖形化的八爪章魚覓食術有個很強的優點，就是讓你容易看出那些本就在你心中，但卻被忽略的思考點。就如同水面下的冰山一樣，而當你透過這樣的思考法呈現出問題的思考全貌，你的努力方向就會變得明確而有指向性。

　　俗話說天無絕人之路，那麼路在哪裡呢？透過本書介紹的

方法，你會發現條條大路通羅馬，透過圖形展現出來的系統，你會看見在每一個系統環節上都有可以發想的地方，路子多了，你只需要找出自己走起來比較平順的那條去走即可。

　　看到這裡，不知各位發現另一個關鍵點沒有？那就是跟績效有關的關鍵績效指標都是誰訂的呢？這裡面往往牽涉到另一個公司裡的單位，也就是人力資源部門。那麼這時，如果你有機會跟人資部門打好關係，是不是也會獲得一些有用的珍貴資訊，好協助你用來判斷該讓自己具備或增強哪些能力呢？

　　回到一開始的情境裡，在圖形化思考方法八爪章魚覓食術的指引下，你需要思考的方向與搜尋的資料，往往就剩下這些與右圖中重要環節有關的問題了：

1. 大老闆賞識單位主管嗎？我有管道得知嗎？（→高階主管對單位主管賞識的程度）

2. 單單屬於單位主管的關鍵指標可能有哪些？對於這些指標，我能做的是什麼？我擅長的是其中的什麼？（→單位主管的績效）

3. 在單位的關鍵績效指標上，我能做的是什麼？我擅長的是其中的什麼？（→單位績效）

4. 公司的關鍵績效指標通常是誰在訂？怎麼訂？（→單位績效）

　　舉例來說，就以上面這四個問題而言，當你開始嘗試接觸相

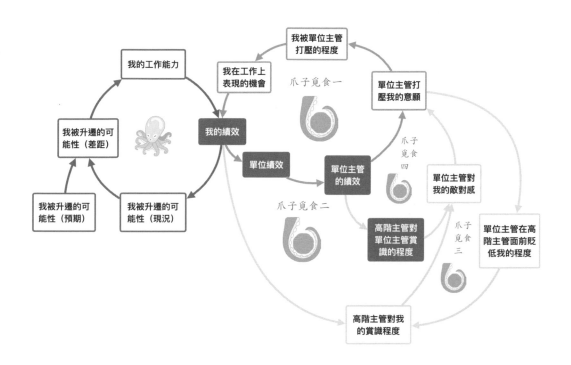

關資訊，可能會發現以下幾個現象。

如何得知老闆的想法

通常大老闆（高階主管）不會對基層員工說出自己的看法，因此想要知道大老闆（高階主管）的想法，你需要相當數量的資料去拼湊。這時你會發現，認識各部門的人、廣結善緣是有其必要的。許多在路邊閒聊時聽到的消息還是很有用。至於要如何有效認識各部門的人，參加跨部門的專案是最好的選項。此外，在

專案型公司裡會有例外的情況，因為高階主管會參加部分重要的專案會議。因此這時所有專案成員都有機會知道大老闆的想法，而不管是與其他部門的人交朋友或是與高階主管一同開會，只要你心中很確定可以從活動中獲取什麼需要的東西，你就能夠有方向性的投入專注力。

升遷的指標：專案經理

另一方面，「專案」這件事跟職場升遷之間有個需要大家留意的重要訊息，就是很多公司會用「專案經理」這個角色來測試員工有沒有擔任初階主管的潛質，尤其是內部專案，因為內部專案規模小經費少，就算失敗了，對於公司的影響也是極小。用少少的經費就能找出適合的主管人才，對於公司是非常划算。一旦讓不適任的人當上主管，後續由於管理不當所造成的損失成本是很驚人的。需知主管的許多工作都與「管人」還有「跨部門溝通協調或合作」有關，所以就算員工的做事能力很強，也不代表就很會管人，猶如第一名的業務人員就不見得是好的業務主管人選一樣。專案經理這個角色不僅要能管好專案團隊成員，讓專案使命必達，還要擺平許多橫向和縱向的利害關係人，如：客戶、老闆、直屬主管、委外廠商、其他支援專案的相關部門主管等。如何得到其他部門主管的支持更是管理的重中之重，因為很多時候專案的團隊成員都來自跨部門。說到這裡，各位有沒有發覺專案經理的工作屬性其實跟主管是十分接近，所以當哪天公司想找你

擔任專案經理時，請千萬不要馬上拒絕，因為你錯過的不是一個
單純的專案管理機會，很有可能你錯過的是晉升初階主管的難得
機遇。

主管的績效指標

　　單位主管對你的期望，通常與他本身的績效指標有著高度
關聯。因此不要只是抱怨主管壓榨你，在抱怨之餘，不妨從單位
主管的話中推敲他的績效指標。或許有人會說，這不是廢話嗎，
單位主管有要求，必然是因為這個要求對他有利。這話不假，但
如果可以進一步知道這個要求對他有利的地方在哪裡，你是不是
就更能判斷該如何應對？舉例來說，主管在跟你聊天時誇讚了
你的創新提案，你覺得這個誇讚顯示出單位主管本身的什麼利益
呢？我們現在用八爪章魚覓食術來呈現這個案例，你也一起思
考一下。

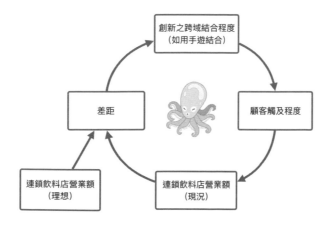

假設你有這樣一個提案，並且用章魚頭圖形顯示如上圖，然後獲得單位主管稱讚。請問他的稱讚顯示出的關注對象是單位績效，還是專屬他本人的績效指標？如果他在一段期間內對同仁的所有稱讚都屬類似情形，那麼他本人受到的壓力是在單位績效上，還是專屬他本人的績效指標上？

客戶滿意度

在現今標榜以「客戶為中心」的時代，客戶滿意度跟個人職場升遷之間的關連，乍看之下應該是屬於重要的關鍵績效指標。然而要注意的是，有些客戶有非理性思考的情緒與感覺。當你的客戶回饋滿意度不好時，需要的做法可能不是討好這個客戶，而是放棄這個客戶，把資源集中在滿意度好的客戶身上，不然就會發生顧此失彼的窮忙現象。

曾經有個著名的例子：有十個人跟你要 100 元，但你身上只有 100 元，請問這時你要怎麼分配？答案是集中 100 元給其中一人，因為每人給 10 元，10 人的需求都沒有被滿足，這時有 10 個人會罵你，但你給了其中一人 100 元，就只剩下九個人罵你了。

績效評比中的主觀分數

績效評比中會有主管的主觀分數，但比例通常不如客觀的績效指標。因為當兩者比例相同，甚至主觀分數超越客觀標準評量結果時，評比會因為完全偏向主觀印象與喜好而失真。

　　透過這些方向可以看清楚你想擺脫的升遷窮忙到底長什麼樣子，這時候需要做的就只是盤點你的現有資源，針對你現有的做法或即將採行的做法，找出可以消除或降低各種反效果或後遺症的配套措施，然後擬定方案，一步一步地實施。

第5章

「向上管理」
的動態達標系統思考

神奇的是，你只有在上班時間裡想的跟老闆不一樣

在公司或是其他服務單位裡，不管你是基層員工還是主管，應該都有過跟上級或大老闆意見、想法不同的時候，甚至可能還經常都不一樣。面對這樣的時刻，我們通常會有幾種做法，或許是陽奉陰違，或許是順從到底，也或許會鼓起勇氣跟上級反映自己的想法，但最後的結果往往還是必須要照著上級的意志去進行工作。

然而，你可曾在心裡問過自己，為什麼上級的想法跟我們不一樣？

有些人明明在當同事時很好相處，一但升職當了主管，好像就換了個人。

　　有句話說「換了位置就換了腦袋」，聽起來有點像是在罵人，但你曾經想過，為什麼會有這樣的情形發生？這樣的情形究竟是正常，還是不正常？

　　現在，請你想像一下這樣一個場景：你沒日沒夜為公司賣命，一人在公司任職、全家為公司服務，辛苦了一整年以後，你的主管把你請進辦公室，問你覺得自己這一年績效如何？如果要加薪，你覺得自己應該被調整到什麼樣的薪水？撇開場面話與客套話不說，這時你的內心會怎麼想？我想，「錢」這朋友應該沒有人會嫌多，是吧！

　　現在請你想像一下另外一個場景：經過一天的忙碌，終於在晚上 11 點半下班離開公司，在回家的路上看見一個賣鹹酥雞的攤子，內心的欲望驅使你一步一步走過去，然後這位老闆很有意思，所有品項都沒有明碼標價，熱情地告訴你，結個善緣吧，所有東西的價錢都由你看著隨便給。這時，對於你手中鹹酥雞的價格，你有何想法？

　　你一定聽過「物美價廉、物超所值」這八個字，如果你是鹹酥雞攤的顧客，你會不會希望這攤子的產品符合這八個字？而如果你是公司員工，你會不會希望這八個字是公司老闆對你的期待？反過來說，如果你是公司老闆，你會不會希望你的員工在工作上的表現符合這八個字？

　　曾有個朋友對我們抱怨做任何政府的生意都是難，政府總想花一塊錢，要廠商提供三塊錢品質的服務或產品，這怎麼可能

呢？我笑著對我這位朋友說，如果你家的總管，總是用最嚴格的態度控管家中雜支，總研究著如何可以用一塊錢辦成別人用三塊錢才能辦成的事，你覺得如何？

　　現在我們把思緒拉到下一個問題：你在工作上有沒有碰到過主管或老闆不斷催促、詢問工作進度的情形？碰到這種情況時，心裡感受到的壓力大不大？有沒有在心裡非常誠摯地問候過主管或老闆的祖先們呢？

　　一樣換個場景：在公司忙碌了一天的你終於下班了，在等車回家或排隊買晚餐時，正用輕鬆的心情在滑手機消磨時間（我們認為從某個角度來說，現在的手機與 APP 具備角逐諾貝爾和平獎的資格，因為它們的存在，大家排隊時的情緒似乎不再那麼焦躁，平和多了），然後就是在這麼美麗的心情下，突然手機螢幕上出現了不停轉圈圈的畫面，或是著名的 404 畫面，或是用來傳遞愛的訊息旁邊不斷出現重傳選項，這時你的心情會如何呢？會不會開始感到些許的焦躁不安，不斷把手機拿起來看一看，不停查看網路通了沒？這樣的你，在心情上有沒有跟辦公室裡那位始終催促工作進度、頭上長著角的老闆或主管有點類似呢？

　　看到這裡，不知你有沒有開始覺得，其實你也是換了位置就會換腦袋的人，有沒有覺得，其實你的思維跟老闆差不多，差別只在於你往往是在工作以外的時間裡才會開啟你的「老闆腦」！

魔鏡啊魔鏡！誰是這職場上跟我最相似的人？

經濟學上有兩個名詞，分別是季芬財（Giffen Good，也譯作吉芬商品）以及韋伯倫財（Veblen Good），兩個詞都有人拿來描述奢侈品的特性。這兩個詞的涵義用白話來說，就是價格越高越有人買，不同於一般商品的市場法則，一般商品是價格下跌時買的人會增加。

撇開奢侈品，性價比或著說 CP 值，很多人在買東西時，往往都想用最低成本達成最大實用效益。那麼不知你有沒有想過，如果你對公司提供的服務是一種商品，在老闆眼中，你的服務是屬於奢侈品還是一般商品？或著說，如果你是老闆，你覺得員工的服務是屬於奢侈品呢還是一般商品？

這樣的問題並不是要你去把自己的服務打造成奢侈品，每個人都有自己擅長的事，或是想要追尋的生命意義與價值。硬要逼迫自己去做不擅長的事，變成自己不喜歡的樣子，或是硬要逼自己去活成別人的樣子，事情既做不好，生活也不會開心，並不是明智之舉。

況且奢侈品的本質往往是商品背後那不是人人都買得起的高消費門檻所造成的炫耀感，如果每個人都爭相把自己的服務變成奢侈品，使得市場上提供的奢侈品數量變多，就好像全球限量十台的超跑突然開始量產，即便剛開始的售價一樣昂貴，在經過一段期間以後，他所代表的炫耀感與高消費門檻是否還會繼續存

在，恐怕就有待商榷了。同時，這世界也不能只有奢侈品，也不會只有奢侈品。再奢華的食物，也依舊來自於農人揮汗耕種的田間，如果所有人都去練就一身高超本領，去當高檔餐廳主廚了，田間沒人耕種，下場就是全部的人都餓死，或是反過來，變成農人的服務是一種奢侈品。

我們提出這樣的問題請你思考，用意在於讓你看見，在職場上其實每一個人都是極其相似的，不管外型、工作內容、工作目標或是待遇有多大差異，內心的利害衡量與價值判斷原則往往都差不多，大家都是運用同一種規則在職場上求生存，沒有什麼不同。

如果職場如同我們所說的，每個人想的都差不多，同事間、上級與下級間都一樣，那麼大家的想法與做法應該都很類似才對，又為什麼大部分人在實際工作上卻有著很多不同的想法與做法呢？為什麼你在下班後才開始啟動老闆腦呢？

事實上，這一切現象與問題的背後都指向一個技能，一種不用百倍爆率抽神裝、始終就存在於你身上，與生俱來，但你卻尚未完全清楚的隱藏技能，而你在職場上所碰到的一切壓力與痛苦，都只有一個用途，就是用來喚醒這個隱藏技能，這個技能就叫做「系統思考」。你可能看過這樣的報導，說某人在遭受車禍等意外後，腦部嚴重受損，卻在恢復後瞬間精通數學或是某種語言，有人認為此種現象屬於學者症候群（Savant syndrome）的一種表現。這樣的情況，看起來有點像是這些專業知識或語言本來

就存在於他們身上，只是因為不明原因被鎖起來了，然後因為意外，這道鎖被打開了。

　　我們也可以說，系統思考是一種能讓你真正弄懂老闆或主管在說什麼、想什麼的技能，但由於你在學習與工作上遇到的各種規則形成了一種框架鎖，把這個技能鎖住了，導致你暫時喪失了這樣的能力，而你在工作上的痛苦與壓力又讓你意外地碰到這本書，於是這本書就打開了這個框架鎖，讓你突然之間開始聽懂老闆或主管在說什麼。

向上管理的系統思考典範分析：蘇秦「合縱」的專案提案成功術

　　曾經有一次我們受邀到一個協會的理監事會議上演講系統思考，會後有一位製造業公司董事長主動邀請我們到他的公司進行系統思考內部培訓。他聽了我們的演講非常有感，他說他的想法與做事模式就是系統思考，類似「遠見」。而他下屬的想法與做事模式類似「視線」。由於他無法像我們這樣能夠易懂且具體地表達系統思考，所以有時他交辦重要事情，講了幾句之後發覺下屬無法會意瞭解，他就會變得不耐煩與口氣差。實際上我們到他的公司做的事情，就是讓他的下屬知道他的想法是系統思考，後來陸續不少公司老闆與學校校長找我們演講的目的，也都是希望下屬能懂系統思考，視線變遠見，以利他們上下溝通順暢。由上述可知，如果你能學會系統思考，那你與老闆的認知就容易有交

集而非平行線，這樣不僅能減少溝通成本，還能提升工作效能與效率。所以當你想要讓老闆為你的專案提案買單時，無論你提案的個人目的是什麼，如果你不能讓老闆從提案中看到屬於他那個系統運作的「遠見」目標，你覺得你成功的機會有多大呢？

在公司裡，專案往往是部門互相競爭得來的。假如你的部門常常搶到專案，你的部門就容易壯大。反之，若提案總是無法搶到專案，則可能面臨部門被合併或消失的風險。這是企業內經常發生的事，所以不要以為沒拿到專案事不關己。所有的專案只為了兩個目的存在，一個是解決公司最迫切問題，一個是掌握市場最關鍵機會。因為這兩件事情太重要，所以很多時候公司做專案甚至會不惜向銀行借錢。

帶一個團隊把專案做完，這叫向下管理；但今天若是我向老闆要錢做我想做的專案，而且還讓老闆心甘情願跟銀行借錢讓我做專案，這就叫向上管理。但仔細想想，向上能管理嗎？上對下能直接用管理，可是下對上應該很難用管理。我職位比你低，我可以管你嗎？若我叫總經理每天九點準時跟我開會跟我報告，那我大概隔天就失業了！

因此下對上的本質不是管理，應該叫「爭取」！

什麼叫爭取，簡單而言就是「說服」。所以專案提案其實就是要去說服你的老闆或客戶給你你想要做的專案。

為了讓大家更容易瞭解與活用，我們用蘇秦合縱六國一起抗秦的故事來具體說明，如何運用系統思考跟老闆要專案。

　　說到專案，千萬不要想那是長官的事，千萬不要忘了我們之前說的目標思維。你每天生活中都有無數個需要如期、如質、如預算來完成的專案，包括吃飯與上廁所，這些專案都是你為了你自身這個系統的運作目標而提出與設計的。你在職場上要做的事之一，就是讓這些屬於你的專案能與老闆或主管的大系統產生連動。就像蘇秦這個人他自己打的小算盤絕對與各國君主不同，但他成功讓自己的專案與大系統的專案產生良性互動，並且讓這些專案都成功運作。因此在系統思考之外，我們建議你也要接觸專案管理方面的知識與方法。

　　我們先來瞭解戰國七雄的相對位置，如圖 5-1 所示。燕國在最北邊，齊國在東邊就是現在的山東，秦國在西邊，楚國是在南方的江蘇一帶，位於中間位置的中原大概就是韓、趙、魏這三國。

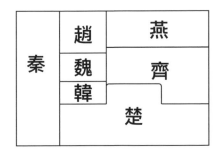

■ 圖 5-1　戰國七雄位置圖

　　接著我們把圖 4-3 系統思考章魚頭的結構做個小修改，增加一個「關鍵要因」的名詞，如圖 5-2 所示。「現況」、「目標」、「差距」、「關鍵要因」、「措施或對策」與「產出或效果」，這六個名詞組成向上爭取專案的系統思考邏輯。以下我們就用這個新結構來說明，蘇秦如何跟各國君王要專案來進行合縱抗秦的大戰略。

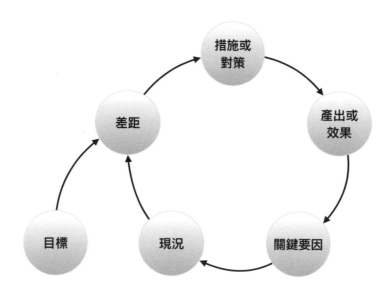

▍圖 5-2　向上爭取專案的系統思考架構

遊說燕國

　　遊說燕國參與合縱抗秦的系統思考，如圖 5-3 所示，詳細說明如下。由於燕國位置偏僻，所以沒人攻打它，燕國的狀況是國

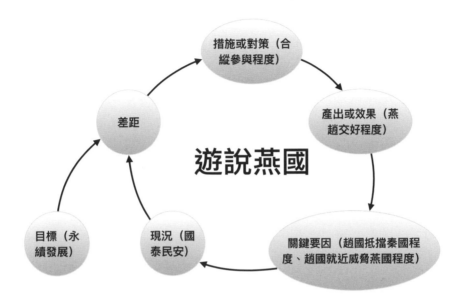

▍圖 5-3　遊說燕國參與合縱抗秦的系統思考

泰民安。接下來就要推算燕王心裡的目標在想什麼。燕國那麼弱的國家，燕王會不會有偉大的雄心壯志想爭天下？不會，他想的是永續發展。

　　→**通常現況與目標會有差距，差距越大老闆才會更願意掏錢，差距大小是老闆是否掏錢的關鍵。**

　　但是目標也不能亂訂，燕王只想永遠保平安，你卻叫他爭天下，那他就會認為你不切實際而不理你，所以這裡的現況是國泰民安，目標是永續發展；接下來是現況的關鍵要因分析：蘇秦來到燕國，主要是聯合燕王抗秦，秦國為何沒辦法攻打燕國，因為

趙國擋住了。

　　→記住，要說服老闆要知道兩件事，老闆心裡的目標為何，以及老闆現況的痛點在哪！

　　這兩點做不到，老闆不會給你半毛錢做專案的。燕國之所以國泰民安有兩個原因，一是趙國把秦國擋住了，再者就是因為趙國忙著防範秦國侵略，根本沒有空欺負燕國。蘇秦很聰明，他把痛點講出來，就是「趙國抵擋秦國的程度」、還有「趙國就近威脅燕國的程度」。假設秦跟趙結盟，秦國就可借道趙國去攻打燕國，燕國就完蛋了。另一方面，趙國的威脅本來是秦國，一旦結盟秦國，威脅沒了就可能想侵略燕國。這兩點讓燕王相當害怕，所以燕王不僅馬上加入合縱大業，還主動給蘇秦金錢與資源並封為外相（就是專案經理），讓他去遊說趙國加入合縱的專案，目的就是要說服趙國讓燕趙交好，並且團結齊心抗秦。

遊說趙國

　　遊說趙國參與合縱抗秦的系統思考，如圖 5-4 所示，詳細說明如下。蘇秦要去趙國之前，他的身分已是燕國的外相，不是無名小卒，因此趙王會見他並沒有趕走他。所以老闆記得，也要給專案經理足夠權力才能讓專案經理做好專案。趙國的現況為何，要看主要敵人是誰還有與其相對位置，用現代話來說就是辨識競爭對手與做市場分析；當時最強的國家是齊、秦、楚，趙國地理位置恰巧夾在齊、秦兩大國之中，他必須學會在夾縫中求生存，

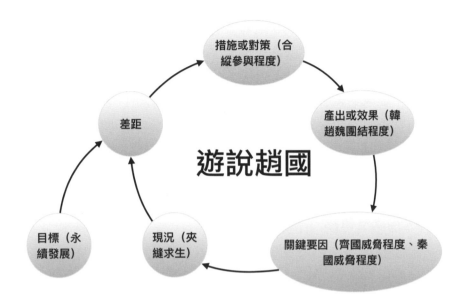

圖 5-4　遊說趙國參與合縱抗秦的系統思考

所以趙王會想到的目標自然就是永續發展，不被侵略安穩活下去。細究夾縫生存的關鍵要因是什麼？就是「齊國、秦國的威脅程度」。專案的產出叫交付標的，泛指產品、服務、文件、訓練。蘇秦的合縱專案要產出什麼交付標的，才能有效降低齊國與秦國的威脅，以吸引趙王加入？

戰國七雄為何比春秋五霸多了兩個國家？因為三家分晉。韓、趙、魏在春秋時代同屬晉國。各位想想，一個晉國分裂成三個國家，這三個國家都還能成為戰國七雄的成員，如果晉國沒有

分裂，歷史也許就改變了，就會是晉國統一天下。所以蘇秦提出他能成功遊說韓、魏加入合縱，團結的趙、魏、韓便具有與齊國和秦國三足鼎立的實力，如此便能長久降低齊國與秦國對趙國的威脅，達成永續發展的目標。趙王聽到這裡，不僅爽快加入合縱，而且像燕王一樣主動給蘇秦金錢與資源並封為外相（專案經理），讓他去遊說魏國與韓國加入合縱的專案，目的是要說服魏韓兩國，跟趙國團結一致齊心抗秦。

遊說魏國以及韓國

遊說魏國以及韓國參與合縱抗秦的系統思考，如圖 5-5 所示，詳細說明如下。戰國時代一開始最強的是魏國，後來是魏國自己一連串錯誤的決策把自己搞弱，而韓國則是從來都沒強盛過。由於這兩國國力較弱而且位置比鄰秦國，加上秦王發奮要努力東出，所以這兩國一天到晚都被秦國打。因此現況是戰事不斷，他們唯一目標就是戰事停歇，如果加入合縱就有足夠的抗秦實力來抑制戰事發生。這時蘇秦的身分已是燕、趙兩國的外相，有足夠的談判籌碼，而且韓、趙、魏本是同一家，要合作比較容易。所以魏王與韓王不僅答應加入合縱，也主動給蘇秦金錢與資源並封為外相（專案經理），讓他遊說齊國與楚國加入合縱，目的就是要說服齊國與楚國聯合抗秦。

遊說齊國

遊說齊國參與合縱抗秦的系統思考，如圖 5-6 所示，詳細說

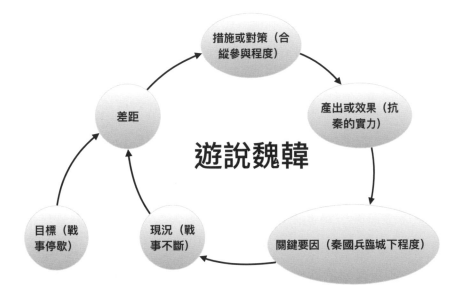

圖 5-5　遊說魏國以及韓國參與合縱抗秦的系統思考

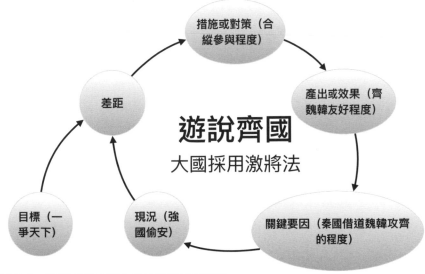

圖 5-6　遊說齊國參與合縱抗秦的系統思考

明如下。齊國與楚國屬於強國。由於蘇秦現在是四國外相，擁有讓大國願意接見的籌碼，所以齊王與楚王才會見蘇秦。然而蘇秦遊說這兩國的方法必不能與前面四國一樣，因為這兩國沒有比秦國弱。若他們沒比秦國弱，為何要合縱？孫子兵法說「知己知彼，百戰不殆」，知己知彼很重要，除了要知道君王的目標與痛點之外，還要瞭解其個性，若君王個性不好，用激將法就容易弄巧成拙。所以要向老闆或客戶要專案，需要事先蒐集很多情報。孫子兵法最後一篇叫「反間」，就是要大家善用間諜去蒐集情報，才能知己知彼。

　　我們再來看看齊國的現況。齊國是一個大國，但老是躲在東邊都沒什麼大動靜，所以蘇秦對齊王說「齊國現況是強國偷安」，齊王聽了很生氣。若蘇秦這說法用在脾氣大的楚王身上，大概馬上就被拖出去斬；為何蘇秦敢對齊王講不客氣的話？這就必須瞭解齊國的歷史背景。孔子、孟子與荀子都曾在齊國的稷下之學講過課，所以相較於其他國家，齊國的知識水平最高，齊王修養較好。因此你跟他講強國偷安，齊王會當作玩笑話。而齊王希望的目標是什麼？蘇秦點出齊王心裡目標是一統天下，因為「強國偷安」與「一統天下」這兩者差距很大，所以蘇秦的話能吸引到齊王的注意。蘇秦接著向齊王分析「強國偷安」的關鍵要因，秦國為何沒攻打齊國？因為魏國與韓國的位置擋住了秦國，若秦國哪一天能夠借道魏國或韓國攻打齊國，這樣齊國還能偷安嗎？所以齊國必須想辦法要跟魏國與韓國更加友好，而魏

與韓恰巧現在都是合縱的會員，齊王聽到這裡自然知道，加入合縱才是齊國最明智的選擇。

遊說楚國

　　遊說楚國參與合縱抗秦的系統思考，如圖 5-7 所示，詳細說明如下。最後剩楚國，楚國也是個大國，蘇秦到楚國要直接破題，不能講廢話，也不能用激將法，因為楚國當時一天到晚跟秦國作戰，楚王並未躲著秦國。而楚國的現況是什麼？他的現況是實力不足，楚國實力不足的關鍵要因為何？讓我們做一下簡單的市場分析。楚國因為實力不足，若要滅秦國，一定要跟魏

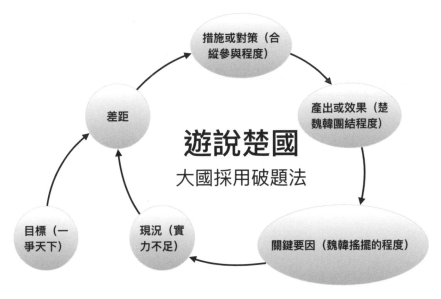

■ 圖 5-7　遊說楚國參與合縱抗秦的系統思考

國、韓國合作，魏國叫四戰之地，韓國則被三國包夾，因此當時經常有個詭異現象，魏韓兩國有時跟楚國結盟，沒幾天又與楚國斷交跟秦國結盟，跟秦結盟一陣子又斷交與楚國修好。實力不足的關鍵要因造成魏韓兩國經常搖擺不定。由於魏韓現在都是合縱的會員，楚王為了徹底排除魏韓搖擺的痛點，便爽快加入合縱抗秦大業。

蘇秦是專案經理，更是專案集經理

把一個專案執行好管理好叫做「專案管理」（Project Management）；但是把許多有關聯的專案放在一起進行整體性的監控和治理，以達成單獨執行這些專案無法達成的效益，叫做「專案集管理」（Program Management），屬於高階專案管理的範疇。所以成功遊說任何一國就是專案管理的工作，而順利完成六國合縱同盟的抗秦戰略而且產生讓秦國畏懼的效益，就是專案集管理的工作。所以蘇秦不僅是專案經理，更兼具專案集經理。

由於專案集（Program）通常跟公司的發展戰略有關，公司的戰略必須要有一致性，不能因為其中一個專案做不下去就把原定戰略換掉。蘇秦的戰略是抗秦，不能因為其中一個國家遊說專案執行不順利就把戰略換成抗楚，這樣會導致前面許多專案的努力都是窮忙一場。因此如何維持「戰略一致性」對於專案集經理很重要。

另一方面，專案集經理不只追求六個國家各自遊說的個別專案都要成功，更要追求整體的「效益或收益」。這些專案合在一

起管，就是為了追求一加一大於二的效益或收益；若是六國都同盟了，隔年秦國還是照樣無懼猛打六國，或是有任何一國反悔退出同盟，這個合縱專案集就算失敗了，也代表抗秦戰略失敗。實際上，合縱的成果對秦國產生了一定程度的嚇阻作用，秦國 15 年不敢侵略六國，讓六國喘息休養了 15 年，這就是效益。

所以「收益或效益追蹤」也是專案集經理重要工作之一，例如：有個資訊系統開發的專案，資訊系統在如期、如質、如預算的專案管理下順利產生，基本上這個專案就算完成了。但專案集結束了嗎？還沒，資訊系統接下來要移交給業務部門使用，業務部門使用後業務量有無明顯增加，就是專案集管理關心的收益或效益問題。若業務量沒增加，專案集經理馬上要跟資訊系統開發專案經理與業務部門經理一起檢討原因，即時修正。

此外，專案集經理還要繪製「專案集路線圖」，如圖 5-8 所示。路線圖展示專案相互間執行的規劃邏輯，哪個專案要先做、哪個專案得後做。燕國是弱國，蘇秦較有機會單槍匹馬就能遊說成功，所以擺第一。燕國往下是趙國（成為燕國外相才有機會見趙王），趙國往下是魏國與韓國（韓、趙、魏本一家，所以成為趙國外相就有機會說服魏王與韓王），魏國與韓國往下是齊國或楚國（齊王與楚王最在乎的合作對象是魏國跟韓國）；若客戶或老闆的期望或需求改變，專案集路線圖的路線要適度改變；若市場趨勢改變，路線也要隨之修改。

請各位思考一下，合縱專案集路線圖比較像細節複雜的「拼

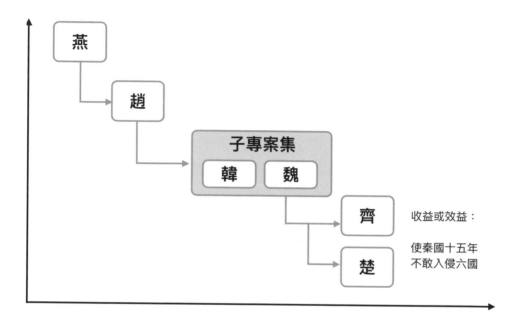

■ 圖 5-8　合縱專案集路線圖

圖」概念，還是比較像動態複雜的「下棋」概念？

　　所以觀古鑑今，公司內許多專案的成功不一定代表公司整體戰略的效益或收益有達成。就像是公司做了很多跟 AI、大數據分析、物聯網有關的專案，最後並沒有因此達成預期的商業收益，即使完成了許多跟數位有關的專案，並不等於公司數位轉型的戰略成功。數位轉型戰略若要成功，避免窮忙。除了數位技術有效開發與應用外，還必須重視與落實系統思考、專案管理與專案集管理。

　　只有能同時達成公司（老闆）、上級、下屬三個不同系統運作目標的專案才是成功的專案，才可能在不同部門的提案中出類拔萃。在系統中誰都不是獃子，不要把自己想得太聰明，把別人都想得太傻，讓自己對問題的思考更寬廣、更深入一些，讓自己身處在一個良性循環中，許多事自然能借力使力，事半功倍，焦慮自然就會比較少一些。

向上管理的通關擺設：孫子兵法

　　每當我們到企業上課或演講時，在活動開始前二十或三十分鐘，公司人資主管經常會安排我們到總經理或董事長辦公室休息，這時我們會留心觀察他們辦公室室內擺設，特別是跟經營管理有關的擺設，因為這些擺設通常都會精準體現總經理或董事長的管理思維或治理願景。其中有一個擺設出現頻率最高，就是孫子兵法竹簡，甚至有幾家公司還用精美相框把它裱起來。為何老闆都這麼喜歡孫子兵法，我們特別研究了一下，原來是孫子兵法最高境界「不戰而屈人之兵」這句話格外吸引老闆「眼球」。

　　「不戰而屈人之兵」這句話在老闆心裡想的是，

- 不用花高額管銷費用，就能搶下客戶訂單！
- 不用花太多人事成本，就能留下重要人才！
- 不用花太多公司資源，就能順利完成專案！

　　其實孫子兵法的其中一個特質，就是系統思考。像大家熟知

的孫子兵法名言，都跟本書的各章有關，如「知己知彼，百戰不殆」，這個概念就跟系統思考強調面對問題時，要先能「看清問題全貌」後才來解題，如此方能治標又治本。還有「智者之慮，必雜於利害」，事實上就是希望我們每個人在做決定之前，都要先衡量一下利害關係，還有對策的後遺症與反效果。這個概念就跟八爪章魚覓食術的「爪子伸出去覓食」的邏輯相同。另外，「多算勝，少算不勝，而況無算乎！」這樣一段話，也是期許大家在行事之前都能考慮得多些。概念就跟八爪章魚覓食術的「八爪」的邏輯相同。

所以熟讀孫子兵法並能活用系統思考，就有機會幫助老闆在經營管理方面達成「不戰而屈人之兵」目的。

第6章

「開會高效」
的動態達標系統思考

為什麼大家都討厭開會？

如果問你為什麼要開會，答案應該不外乎是協調大家意見，或是商討出能夠解決問題的方法。

事實上可能有幾乎 80% 的會議都是在解決問題！

事實上可能有幾乎 80% 的問題都是動態性複雜！

不過，有趣的是，如果我們深入探究這兩種答案，往往會發現這兩件事很多時候在會議中並不存在。

很多人會笑稱，每一次會議的目的就是決定下一次何時開會。

主要原因就在於大家最常見到的本位主義，以及人性中討厭處理問題的特性，尤其是動態複雜的問題。這不需要我們多說

什麼，但凡有豐富開會經驗的人應該都很熟悉這樣的情況。一場會開下來，要是能讓自己單位毫髮無傷，不用多做什麼或是被分配的工作責任最輕，那回到單位會就會獲得同事給予的英雄式待遇，反過來則有被圍毆的風險。

所以一般人不喜歡開會，因為會中展現出來的各種人性嘴臉實在不是那麼讓人愉快。

當然，如果是大老闆親自主持，各單位主管親自參加的會議，那就要另當別論了。因為這時單位主管開會的目的不在於協調或是解決問題，而是要在老闆面前求表現，目標不同，做法當然也就有所不同了，而且長官還可以把壓力轉嫁給下面的部屬。

許多時候，單位主管一開完會回來，馬上就會展現出兩種常見的重要問題，也是許多中階主管與業務承辦人難為的主因，一個是壓力轉嫁，槌子釘釘子，釘子釘木板，一個則是計畫永遠趕不上變化，變化永遠趕不上 Boss 的一句話。

但不管我們喜不喜歡開會，問題總是必須協調解決。覆巢之下無完卵，公司要是垮了，大家也是雞飛蛋打一起 GG。就像一個人的身體，要是五臟六腑各行其是，下場就只會是一個字。

如果非開會不可，要怎麼樣才能開一場成功又有效的動態複雜問題解決會議呢？我們將會在本章中介紹。

如何用系統思考開會

會議上最怕哪些人？

在開始介紹開會方法前，還有一點需要先說明一下，那就是一般來說，會議上最怕兩種人，一是推來推去的太極宗師，一是讓議題處處開花的花農。這兩種人看似不同，但背後有個共通之處，那就是完全搞不清楚開會時討論的議題。

太極宗師通常是不分青紅皂白，無論何事，一律都推，而且意見往往都像鬼打牆一樣循環播放，不但讓與會的其他單位人員血壓高，連主席的血壓也會升高。

至於花農，這個角色最怕由主席來扮演，否則整場會議絕對是一片哀嚎，主席的父母與祖先也會不停被人真誠地問候。

一場會議只要有這兩種人在場，通常都會完全失焦，要嘛是主席直接強制決議，要嘛吵成一團，最終只能決定下次何時開會，要嘛就是會議結束後，大家莫名其妙的多了一堆跟議題沒有太大關聯的工作要做。

如果是第一種情況，那根本就不必開會。如果是後面第二種情況，往往開了會也是白開，純屬浪費大家時間。

會議主要是為瞭解決問題，分享資訊，統一意見等目的而召開的。一般過程是由提出議題開始，經過意見發表、討論，然後做出結論。

目的或目標不清楚的會議，最終只會不了了之。不能有所貢

獻的會議，容易成為只是單純出席的會議。

　　有鑑於此，我們把會議設計成三次不同類型且目的清楚的
會議依序召開，分別是啟動會議、分析會議與決策會議，並提出
「我要當 Why 人」、「八爪章魚覓食術」、「乾坤大挪移」這三種方
法，各自融入於上述三類會議中，就如圖 6-1 所示。

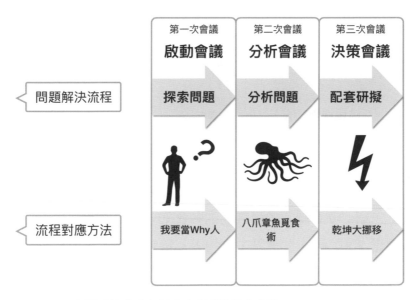

■ **圖 6-1　系統思考問題解決流程對應之會議階段與方法**

第一次會議「團隊啟動會議」：我要當 Why 人

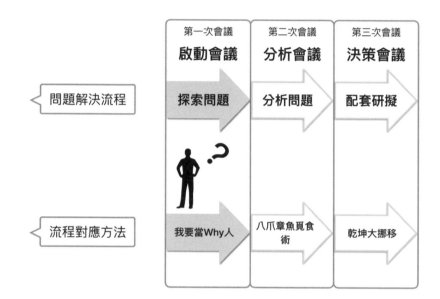

　　第一次會議我們稱之為啟動會議，所對應的會議方法為「我要當 Why 人」，其實質工作內容為**探索問題**，首先將要面對的問題具體地定義出來，並思索與此問題有關的利害關係者有哪些，接著進行訪談或觀察相關利害關係者的工作情形，最後將訪談或觀察的資訊整理成 Why 人探索訪談記錄表，以利後續分析會議使用。

　　由上述可知，團隊啟動會議主要在執行「我要當 Why 人」這個方法的三個主要操作步驟，步驟說明如下。

步驟 1：定義問題

　　在第二章我們曾談到，理想狀態和現況間的差距越大時，我們傾向於認定問題的嚴重程度越高，並隨著差距的擴大，對我們產生的壓力也越來越大。這時，我們便希望能藉著採取某種因應對策改變現況，以期解決問題，並從而減輕問題所造成的壓力。

　　舉例如下（本案例主要目的在於讓各位瞭解會議流程的操作形式，而非對某一問題提出所謂「正確」或是「唯一」的解答，這點請各位務必注意）。

　　若有一公司的每月營業額是與其會員總人數有關，即會員總數越多，營業額越高。公司當下現況有 700 名會員，然而總經理認為公司理想的會員人數應該要有 1000 名，此時理想與現實間出現了 300 名的會員差距，所以問題的定義即為「會員不夠多」，如圖 6-2 所示。

　　當會員不夠多的問題出現之後，業務部門主管將是最直接感受到壓力的人，此時他將會迅速釐訂出如下的目標管理原則與執

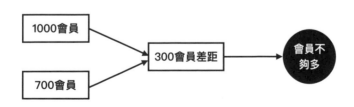

▌圖 6-2　會員不夠多的問題

總目標：在半年內達到 1000 名會員
各月預期成果：每月增加 50 名新會員
現況（一月初）累積會員：700 名
一月底累積會員目標：750 名
二月底累積會員目標：800 名
三月底累積會員目標：850 名
四月底累積會員目標：900 名
五月底累積會員目標：950 名
六月底累積會員目標：1000 名
目標管理對策：聘新業務員來解決問題（差距），當月月底會員累積人數與當月底累積會員目標比較。差距越大，下月初即徵聘越多新人。

行方式，希望在限制時間內達成總經理的目標。

　　然而目標管理對策的制定是否就意味著上述的問題即將迎刃而解了呢？

　　且讓我們耐著性子看下去。我們首先於一月初徵聘了 10 名新人，並於一月底檢視目標（一月底累積會員目標：750 名）是否有達成。如圖 6-3 所示，雖然徵聘了 10 名新人後，累積會員人數增加了 10 人（由 700 名增加至 710 名），但是距離一月底累積會員目標仍有 40 人的差距，所以就目標管理而言，問題的壓力依然存在，因此決定二月初再繼續徵聘 10 名新人。

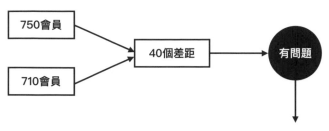

■ 圖 6-3　一月底目標管理檢視

　　接著於二月初徵聘了 10 名新人，並於二月底檢視目標（二月底累積會員目標：800 名）是否有達成。如圖 6-4 所示。雖然又徵聘了 10 名新人，累積會員人數較上個月增加了 10 人（由 710 名增加至 720 名），但是別忘了目標也較上個月增加了 50 人（由 750 名增加至 800 名），反而造成差距高達 80 人。就目標管理而言，問題的壓力變大，因此仍然決定三月初再繼續徵聘 10 名新人。

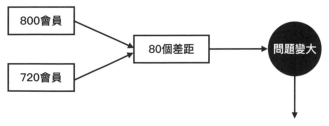

■ 圖 6-4　二月底目標管理檢視

　　三月初繼續徵聘了 10 名新人，此時新人總數已達到 30 人，並於三月底檢視目標（三月底累積會員目標：850 名）是否有達成。如圖 6-5 所示。累積會員人數較上個月減少了 30 人（由720 名降低至 690 名），竟然比一月初未徵聘人之前的 700 人還減少了 10 人，然而此時的目標也較上個月增加了 50 人（由 800名增加至 850 名），這樣一來一往竟造成差距高達 160 人。就目標管理而言，問題的壓力變得更大。

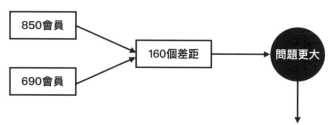

會員客戶流失！負成長！反直覺？問題更大

▌圖 6-5　三月底目標管理檢視

　　為什麼增聘業務人員，一段時間後會員不但沒大幅增加反而還減少？

　　由於這樣的問題浮現，主管將面臨兩難。如果你是主管，請問你會如何抉擇呢？

　　放棄會員成長目標？還是繼續聘人？

步驟 2：探索訪談利害關係者

步驟 1 把要面對的問題具體定義出來（例如為什麼增聘業務人員，一段時間後會員不但沒大幅增加反而還減少？），接下來步驟 2 便可以開始如醫生問診（問為什麼）的訪談，在訪談之前要先思索與此問題有關的利害關係者有哪些（例如總經理、業務部門長官、業務新人、業務老鳥等）。請注意，並不是所有關係者都能在一開始就統統找到，很多時候是逐步精進的過程，也就是某些關係者一開始我們不會想到，他隱藏在某一個關係者的訪談回答裡等待我們去發現。例如訪談業務老鳥時，老鳥提到他的行政壓力是來自會員客戶，此時會員客戶就是我們要新增的利害關係者。經由訪談或觀察相關利害關係者，來獲得與策略擬定及執行有關的資料和資訊，以利我們能夠順利分析問題。

訪談與觀察的方向需著重於兩個面向：

- 策略擬定面向：擬定的動機、策略內容、目標、擬定的期望、擬定的願景等。
- 策略執行面向：執行時的抱怨、隱憂、困難處、壓力、後遺症等。

訪談時要以因果關係的思維持續追問利害關係者「為什麼」，因果關係的資訊獲得越多，後續問題分析的工作就越容易，舉例如圖 6-6 所示。另外就是，所謂的訪談，不是正經八百地拿著紙筆去找人，然後嚴肅地要求訪談。我們估計你應該一件事也問不出來，甚至可能被直接趕走。訪談的形式是多元的，一

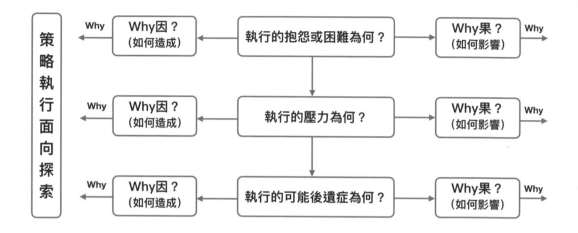

■ 圖 6-6　探索訪談因果關係追問示意圖

起散步、一起喝杯咖啡甚至一起吃頓飯,這也都是訪談,多聊幾次也可以,沒有人說要一次問完,那是警察問案。

步驟 3:繪製 Why 人探索訪談記錄表

　　步驟 2 中探索訪談利害關係者的所有資訊可彙整至 Why 人探索訪談記錄表,如表 6-1 所示。各位讀者可以發現,當你把所有的資訊整理成縱軸為利害關係者,橫軸為對策擬定面和對策執行面之後,很容易察覺總經理只有對策擬定面的資訊,沒有對策執行面的資訊,因此總經理較無法體認出對策執行時所面臨的困難與壓力。同樣的,業務新人和老鳥只有對策執行面的資訊,沒有對策擬定面的資訊,因此業務新人和老鳥也較無法體認出對策擬定時的動機與願景。這種雙方資訊上的認知落差容易形成溝通

上的誤解，即總經理會直覺地感到疑惑，為何花了錢聘了人，執行時卻無法達成既定目標呢？同樣的，業務新人和老鳥也會直覺地感到疑惑，為何公司會擬定這種不切實際的目標呢？此時雙方均會產生反直覺的矛盾與衝突。

表 6-1 Why 人探索訪談記錄表

利害關係者	擬定面：動機、對策、目標、期望、願景等	執行面：抱怨、隱憂、困難處、壓力、後遺症等
總經理	● 公司成長出現瓶頸，呈現停滯的狀態。 ● 為達成業績成長目的，決定於短期內招募數十名業務人員。 ● 配合政府短期促進就業方案來招募人員，公司將能大幅減低用人成本。 ● 若能在半年內達成目標（1000 名會員），公司將提供優厚的部門獎金。	
業務部門長官	● 由資深業務人員親自傳授談判成交技巧，並實地帶領新人開發新會員。 ● 業務部門長官承諾將全力以赴，達成公司要求，因此制定各月分目標管理，並以此做為各月增聘原則。	● 業務部門長官將業務檢討追蹤會議由一月一次調整為每週一次。

業務新人		● 新人反應拜訪陌生客戶的壓力很大。
業務老鳥		● 老鳥抱怨新人不容易教得會。 ● 老鳥抱怨沒時間處理行政工作。 ● 資深業務人員投入更多時間開發新會員。
會員客戶		● 客訴越來越多。 ● 舊客戶解約的案件越來越多。

　　把這三個步驟融入在第一次會議，也就是啟動會議（探索問題），建議可以規劃如表 6-2 所示的執行程序設計表來逐步引導進行。

表 6-2 啟動會議（探索問題）的執行程序設計表

會議名稱	會議執行程序
Why 人探索訪談記錄表工作任務分派會議	1. 說明問題的定義。例如：為什麼增聘業務人員，一段時間後會員不但沒大幅增加反而還減少？ 2. 決定 Why 人探索訪談記錄表欲探討的利害關係者有哪些。例如：總經理、業務部門長官、業務新人、業務老鳥、會員客戶。 3. 各個利害關係者的探索訪談之工作任務分派（訪談與觀察對策擬定面與執行面）。 4. 訪談結果繳交方式與繳交日期之決定，與記錄表彙整人員選定。

透過上表可以看到，由於會議目標明確，而且分工並未將一般公司的組織架構或功能當作依據，而是純從系統思考的角度出發，所以比較難用組織分工當理由推來推去，或是出現離題甚遠，遍地開花的情形。

第二次會議「團隊分析會議」：八爪章魚覓食術

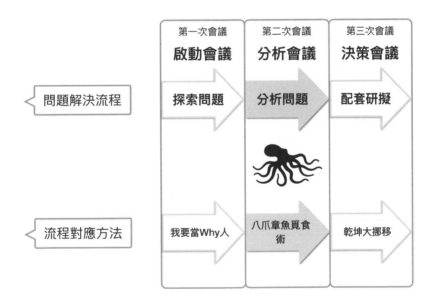

第二次會議，我們稱之為分析會議，所對應的使用方法為本書第四章的「八爪章魚覓食術」，其實質工作內容為**分析問題**，將 Why 人探索訪談記錄表中的資訊進一步繪製成因果回饋圖來分析問題。因果回饋圖先從問題定義的核心議題（本書類比為章魚頭）繪製起，再由核心議題上的組成關鍵字，如目標、現況、

差距、對策、產出等進行議題延伸思考（本書類比為章魚爪子伸出抓食物）。例如：採取的對策是否有其反效果或後遺症，及反效果或後遺症會影響哪些利害關係者。之後再進行延伸議題的收斂思考（本書類比為章魚爪子抓到食物後，將其捲回至章魚嘴中），例如：反效果或後遺症所影響的利害關係者會不會一段時間後再影響到核心議題。

八爪章魚覓食術的完整方法，請見本書第四章，以下我們繼續用聘人的案例來操作示範：

步驟 1 繪製章魚頭（定義核心議題）：為什麼需要聘人？

分析會議必須進行腦力激盪的工作。腦力激盪是提出意見或創意想法相互交換的會議方式，必須集中在單一目的上，將問題從籠統的概念聚焦成具體的內容。此時會議主持人擔負重要的責任，需明確訂定主題並提出相關規則，製造讓參與者願意提出意見的氣氛。

在本案例中，一開始訂定的腦力激盪討論主題為：為什麼需要聘人？

主持人要有效率地帶領大家從第一次會議後做好的 Why 人探索訪談記錄表（表 6-1）中，萃取跟核心議題「為什麼需要聘人？」可能有關的資訊，如表 6-3 所示。

表 6-3 與「為什麼需要聘人？」核心議題可能有關的句子

Why 人探索訪談記錄表中與「為什麼需要聘人？」議題可能有關句子	
總經理	公司成長出現瓶頸，呈現停滯的狀態。
	為達成業績成長目的，決定於短期內招募數十名業務人員。
	若能在半年內達成目標（1000 名會員），公司將提供優厚的部門獎金。
	配合政府短期促進就業方案來招募人員，公司將能大幅減低用人成本。
業務部門長官	業務部門長官承諾將全力以赴，達成公司要求，因此制定各月分目標管理，並以此做為各月增聘原則。

接著主持人要帶領大家繪製章魚頭，即參考表 6-3 的資訊來填寫核心議題上的組成關鍵字，如：目標、現況、差距、對策（措施）、產出（效果），如同圖 6-7 所示。此圖展現一旦當月業務部門目標總會員人數（目標）與當月會員總人數（現況）出現明顯差距（差距）時，採取的業務員增聘行動（對策）所帶來的新人業務戰力（效果）會產生新增會員（產出），來影響現況並縮小差距之因果回饋關係。

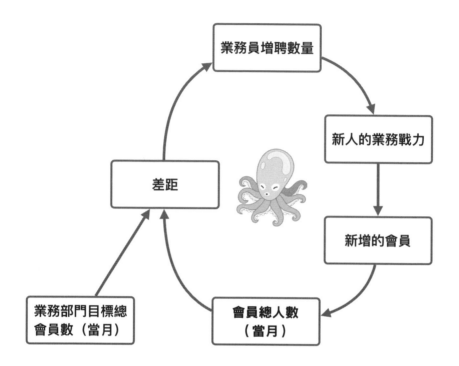

▌圖 6-7　為什麼需要聘人？核心議題之章魚頭

步驟 2 核心議題延伸（由差距出發）：差距為何沒縮小？會發生什麼事？

主持人此時訂定的腦力激盪討論主題為：差距為何沒縮小？會發生什麼事？

主持人繼續帶領大家從 Why 人探索訪談記錄表（表 6-1）萃取跟核心議題延伸「差距為何沒縮小？會發生什麼事？」可能有關的資訊，如表 6-4 所示。

表 6-4 與「差距為何沒縮小？會發生什麼事？」可能有關之句子

Why 人探索訪談記錄表中與「差距為何沒縮小？會發生什麼事？」有關的句子	
總經理	配合政府短期促進就業方案來招募人員，公司將能大幅減低用人成本。
業務部門長官	業務部門長官承諾將全力以赴，達成公司要求。
	業務部門長官將業務檢討追蹤會議由一月一次調整為每週一次。
業務老鳥	資深業務人員投入更多時間在開發新會員。
業務新人	新人反應拜訪陌生客戶的壓力很大。

　　接著請群體參考表 6-4 的資訊來腦力激盪，進行核心議題延伸之發散與收斂分析，例如：

分析 1：差距為何沒縮小？

通常差距不動的原因可能是對策發酵會有時間滯延！

　　從表 6-4 的「配合政府短期促進就業方案來招募人員，公司將能大幅減低用人成本」及「新人反應拜訪陌生客戶的壓力很大」這兩句話的資訊中可知，由於聘進來的新人非相關科系或相關專長的人，是配合政府短期促進就業方案招募而來的人員，所以才會有拜訪陌生客戶壓力很大的反應，通常需要一定時間（本案例假設要花兩至三個月）的適應才能發揮戰力。因此增聘業務員至新人的業務戰力這條因果關係線上需加註時間滯延的符

號（II），以表示新人無法在一個月內即有明顯的業績戰力，如圖
6-8 所示。

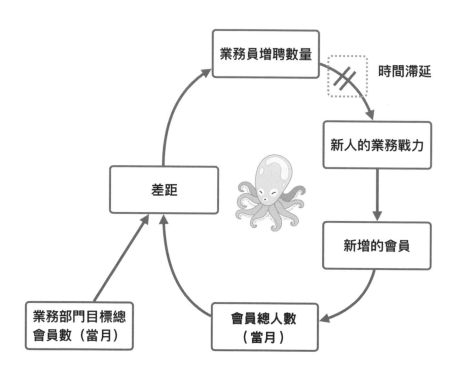

■ 圖 6-8　加註時間滯延示意圖

分析 2：差距沒縮小會發生什麼事？

　　由表 6-4 中「業務部門長官承諾將全力以赴，達成公司要
求」及「業務部門長官將業務檢討追蹤會議由一月一次調整為

每週一次」，從這兩句話的資訊可推敲，當差距沒縮小反而擴大時，承諾將全力以赴達成公司要求的業務部門長官，在此時感受的壓力會更大。所以差距越大，檢討改善的壓力越大，這也是為什麼業務部門長官將業務檢討追蹤會議由原先一個月一次調整為每週一次的原因。上述因果關係，可以畫成圖 6-9 所示。

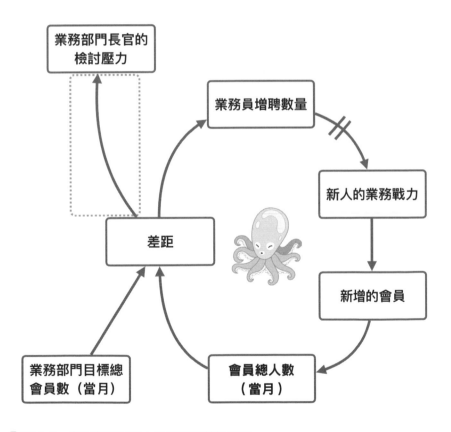

▌圖 6-9　差距與檢討壓力的因果關係示意圖

　　另外，由表 6-4 的「資深業務人員投入更多時間在開發新會員」這句話中，可推論當新人戰力無法短期有效地提昇，而業績檢討的壓力又很大時，業務部門長官便會將業績提升的壓力轉嫁至業務老鳥的身上，此舉將導致資深業務人員需要投入更多時間在開發新會員。由於業績提升並非業務老鳥原先該負的責任，所以容易心生抱怨，進而產生無力挫折感，如圖 6-10 所示。

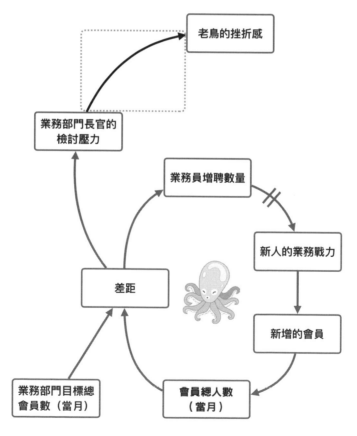

▎圖 6-10　檢討壓力與業務老鳥挫折感的因果關係示意圖

　　老鳥的挫折感越高，越會帶著不滿消極的心態去跑業務，老鳥的業務戰力可能會因此降低，如圖 6-11 所示。

　　老鳥的業務戰力越低，會員新增的程度就越低，如圖 6-12 所示。最後從整體來看，圖 6-12 顯示由老鳥的業務戰力、新增

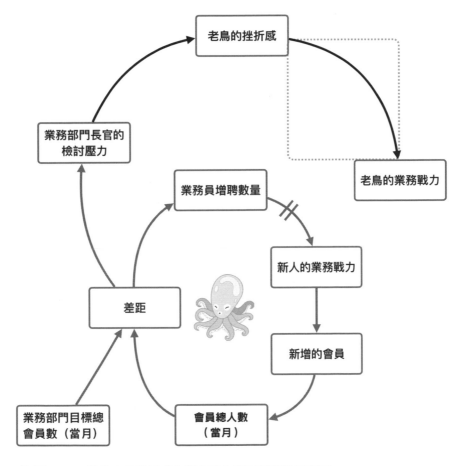

▌圖 6-11　業務老鳥挫折感與業務戰力的因果關係示意圖

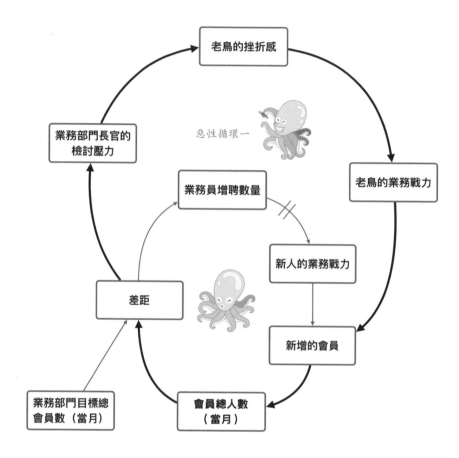

■ 圖 6-12　惡性循環一示意圖

　　會員、會員總人數、差距、業務部門長官檢討壓力、老鳥的挫折
感,這六個名詞構成了一個具有持續衰退特性的惡性循環(此處
稱為惡性循環一)。也就是檢討壓力隨著時間的前進將使得差距
逐漸擴大,擴大後的差距也會隨著時間的前進,繼續影響帶動檢
討壓力增大。

步驟 3 核心議題延伸（由採取的措施出發）：增聘新人的對策會影響誰？

主持人於此訂定的腦力激盪討論主題為：增聘新人的對策會影響誰？

主持人繼續帶領大家從表 6-1 萃取跟延伸議題「增聘新人的對策會影響誰？」可能有關的資訊，如表 6-5 所示。

表 6-5 與「增聘新人的對策會影響誰？」可能有關的句子

Why 人探索訪談記錄表中與「增聘新人的對策會影響誰？」可能有關的句子	
業務部門長官	由資深業務人員親自傳授談判成交技巧，並實地帶領新人開發新會員。
業務老鳥	老鳥抱怨新人不容易教得會。
	老鳥抱怨沒時間處理行政工作。
會員客戶	客訴越來越多。
	舊客戶解約的案件越來越多。

由表 6-5「由資深業務人員親自傳授談判成交技巧，並實地帶領新人開發新會員」及「老鳥抱怨新人不容易教的會」，從這兩句話中可以瞭解當聘請的新人越多，業務老鳥扛下教導新人的負擔就越大，上述因果關係，如圖 6-13 所示。

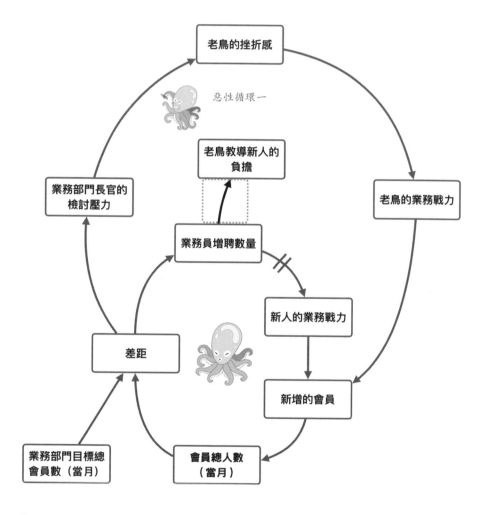

圖 6-13　增聘業務員與業務老鳥教導新人的負擔之因果關係示意圖

　　由表 6-5 的「老鳥抱怨沒時間處理行政工作」這句話中，可以發現當業務老鳥教導新人的負擔越大，實地帶領新人開發新會員的時間會越久，其處理原先自身行政工作的時間就縮短，進而造成未完成的行政工作變更多，上述因果關係，如圖 6-14 所示。

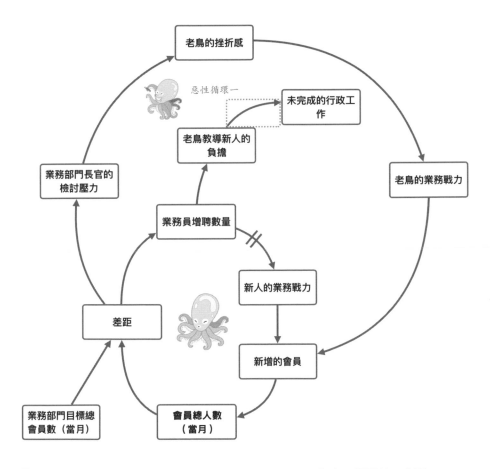

▌圖 6-14　業務老鳥教導新人的負擔與未完成的行政工作之因果關係示意圖

　　此外，未完成的行政工作變多，老鳥就得自己找額外的時間來加班處理，導致休息或睡眠時間減少，進而體力不足讓老鳥的業務戰力降低，業務戰力越低，會員新增的程度就越低，如圖 6-15 所示。圖 6-15 顯示由老鳥的業務戰力、新增會員、會員總人數、差距、增聘業務員、業務老鳥教導新人的負擔、未完成

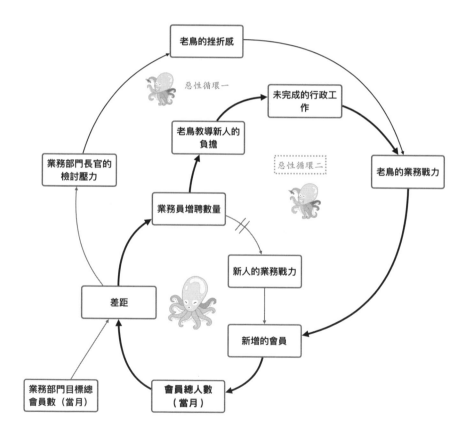

▌圖 6-15　惡性循環二的示意圖

的行政工作，這七個名詞構成了一個具有持續衰退特性的惡性循環（此處稱為惡性循環二）。

也就是增聘業務員的行動隨著時間的前進將使得差距逐漸擴大，擴大後的差距也會隨著時間的前進繼續帶動增聘業務人員的行動。

另外，由表 6-5 的「客訴越來越多」這句話中可以推論出，當老鳥未完成的行政工作越多時，也會帶來售後服務品質降低的現象，因為老鳥無法在最短的時間內解決客戶的問題。此時客戶若將較低的售後服務品質與其他公司的售後服務品質做比較，就會出現明顯的感受落差或埋怨，這也是客訴越來越多的原因。上述因果關係，如圖 6-16 所示（見下頁）。

從表 6-5 的「舊客戶解約的案件越來越多」這句話中可以推論出，若客戶對售後服務品質不佳的感受持續了一段時間之後，就有可能開始出現客戶會員解約的情形。倘若客戶解約的案件越來越多，會造成會員總人數越來越少。「客戶感受落差而導致會員解約」的這條因果關係線上需加註時間滯延的符號（‖），以表示客戶對售後服務品質不佳的感受要持續超過一個月以上的時間，才會出現會員解約的情形。上述因果關係，如圖 6-17 所示（見下頁）。圖 6-17 顯示由售後服務品質、客戶的感受落差、解約的客戶會員、會員總人數、差距、增聘業務員、業務老鳥教導新人的負擔、未完成的行政工作，這八個名詞構成了一個具有持續衰退特性的惡性循環（此處稱為惡性循環三）。

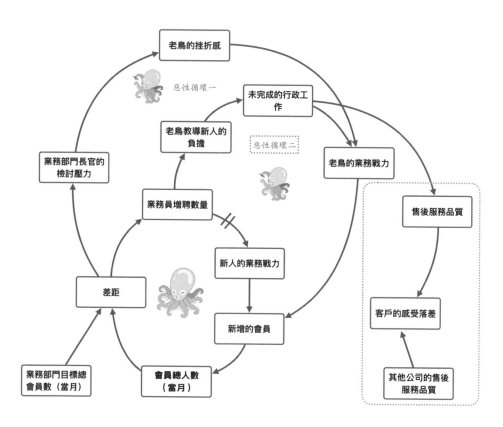

▎圖 6-16　售後服務品質與客戶的感受落差之因果關係示意圖

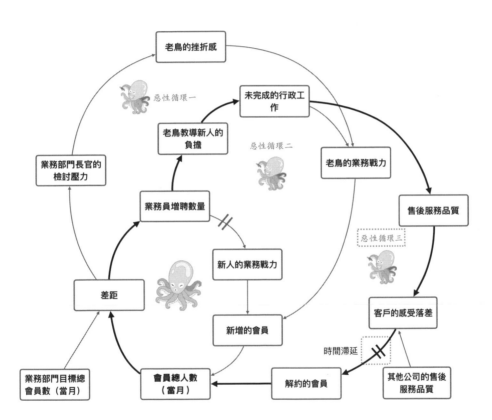

圖 6-17 惡性循環三的示意圖

　　不佳的售後服務品質隨著時間前進將使得差距逐漸擴大，擴大後的差距也會隨著時間的前進繼續帶動售後服務品質降低。

　　把以上三個步驟融入在第二次會議，也就是分析會議（問題分析），我們可以規劃如表 6-6 所示的執行程序設計表來逐步引導進行。

表 6-6 第二次會議（分析問題）執行程序設計表

會議名稱	會議執行程序
八爪章魚覓食術之問題分析腦力激盪會議	1. 參考 Why 人探索訪談記錄表，來繪製核心議題的章魚頭。 2. 參考 Why 人探索訪談記錄表，進行以下命題的腦力激盪：差距為何沒縮小？（畫圖） 3. 參考 Why 人探索訪談記錄表，進行以下命題的腦力激盪：差距沒縮小會影響那些利害關係者？會發生什麼事？如何影響章魚頭？（畫圖） 4. 參考 Why 人探索訪談記錄表，進行以下命題的腦力激盪：對策有反效果或後遺症嗎？反效果或後遺症會影響那些利害關係者？會發生什麼事？如何影響章魚頭？（畫圖） 5. 參考 Why 人探索訪談記錄表，來檢視是否還有未運用到的訪談記錄資訊（畫圖）。 6. 宣告下次會議將討論策略失效原因與擬定相關配套，並請成員於下次會議提出個人具體看法。

　　第二次會議有兩個特點，一個是會議討論過程的圖像化，另一個是會議討論議題的系統化。圖像化容易讓人的討論聚焦，

不易開花。同時，與會者也容易在圖形所展現出來的系統化議題中，從系統角度思考與討論問題，而不是從公司分工架構出發，避免了本位主義的弊端。

第三次會議「團隊決策會議」：乾坤大挪移

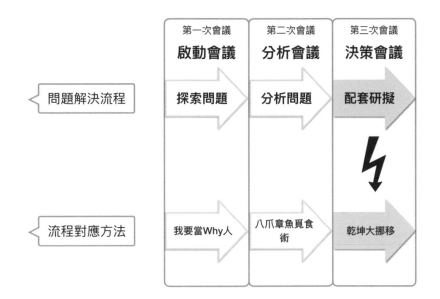

　　第三次會議，我們稱之為決策會議，所對應的使用方法為第四章的「乾坤大挪移」，其實質工作內容為問題解決的**配套研擬**。由於系統思考圖能看出利害關係者隨著時間與核心議題互動所構成的惡性循環，所以藉由系統思考圖，可以很容易地找到策略失效的原因與體認到時間滯延的影響所在，接著便能有效研擬出配套來解決策略失效的問題。

接著請你仔細觀察圖 6-18，然後想一想：你知道對策失效的原因在哪裡嗎？

在系統思考裡，通常問題都是由時間滯延或惡性循環所引起

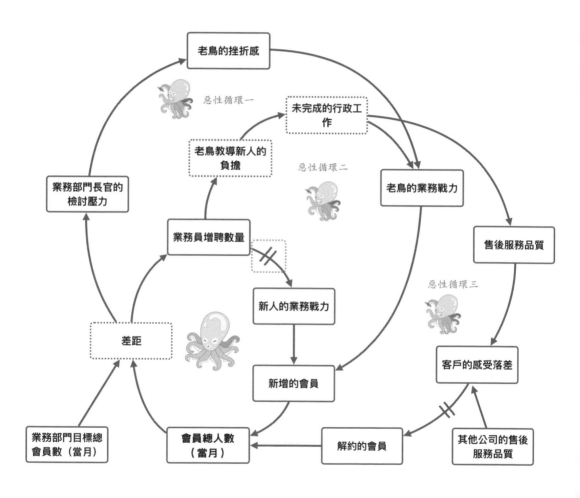

▌圖 6-18 失效原因探究示意圖

的，利用這樣的原則來探究失效的原因就比較簡單。由圖 6-18 可以分析出惡性循環一是因為差距沒有縮小所引起的，差距沒有縮小又是因為新人戰力培養有時間滯延所引起。若能有效解決新人戰力培養的時間滯延，便能消除惡性循環一。再來，惡性循環二和三都是由未完成的行政工作所引起，而未完成的行政工作又是因為業務老鳥教導新人的負擔所引起。若能有效紓解業務老鳥教導新人的負擔，便能消除惡性循環二和三。瞭解了對策失效的根本原因，便能開始進行有效配套方案的擬定，即因果關係的乾坤大挪移。

若將圖 6-18 中的「業務老鳥教導新人的負擔」乾坤大挪移為「協助的行政工作」，即由「協助的行政工作」這一個名詞取代「業務老鳥教導新人的負擔」，如圖 6-19 所示（見下頁）。徵聘的新人越多，由他們協助老鳥的行政工作也會越多，這時老鳥未完成的行政工作也就越少。由於此時老鳥不僅不用負擔教導新人的任務，而且行政工作較往常變少，所以跑業務的戰力會跟著提高。戰力提高，會員新增的程度就越多，於是圖 6-19 的惡性循環二就會消失，老鳥反倒成為章魚頭目標趨近的協助者。另外，新人協助的行政工作越多，也會讓老鳥售後服務的品質變好，因此圖 6-19 的惡性循環三就會消失。

此外，一直依賴老鳥是無法完全消除現況與目標間的差距，僅僅會讓差距擴大的速度變慢，讓聘人的壓力與數量不會增加太快。這並非解決問題的根本之道，徹底消除新人戰力培養的時間

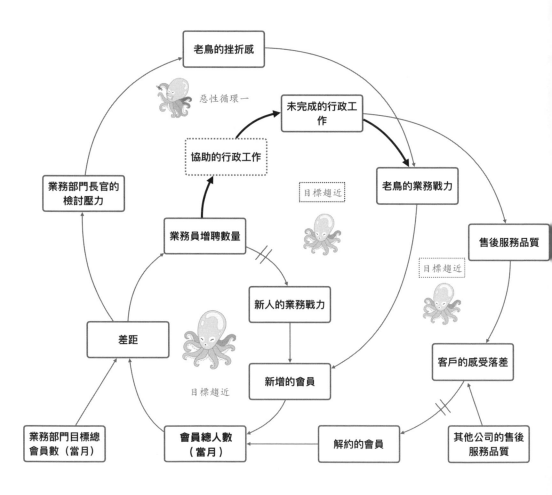

老鳥的挫折感

惡性循環一

未完成的行政工作

協助的行政工作

業務部門長官的檢討壓力

目標趨近

老鳥的業務戰力

業務員增聘數量

售後服務品質

目標趨近

新人的業務戰力

差距

客戶的感受落差

業務部門目標總會員數（當月）

新增的會員

目標趨近

會員總人數（當月）

解約的會員

其他公司的售後服務品質

▌圖 6-19　協助行政工作之乾坤大挪移示意圖

滯延才是真正的解題關鍵。由於聘進來的新人並非相關科系畢業或並不具備相關專長，都是公司為配合政府短期促進就業方案而招募來的人員，所以會覺得拜訪陌生客戶的壓力很大，因此需要在初期就對這些新人進行量身定做個人化的教育訓練，以克服陌生拜訪的恐懼。這種個人化的教育訓練工作，可委由幾位資深的業務老鳥專職設計擔任，以節省訓練工作的額外成本。由於新人初期只負擔行政工作，無業績壓力，因此可以花費更多的精神在教育訓練的學習上，這樣戰力培養需要的時間滯延就會縮短。一旦新人戰力的時間滯延消失，差距就會開始明顯縮小，這時業務部門長官承受高層的業績檢討壓力就會消失，到那時惡性循環一也會消除，如圖 6-20 所示（見下頁）。

　　所以，除了採取聘人的對策之外，還要研擬配套方案，如新人工作初期協助老鳥未完成的行政工作及量身定做個人化的教育訓練，才不會發生「為什麼增聘業務人員，一段時間後會員不但沒大幅增加反而還減少？」的瞎忙問題。此外，由於系統思考圖能看清動態複雜問題全貌，所以更容易討論與發揮配套方案研擬的創意，例如新人的工作初期還能直接協助售後服務，是否效果更好？而之所以能夠這麼輕鬆地進行創意解題思考，全都是因為你有能力看見動態複雜問題的全貌。

　　把以上步驟融入第三次會議，也就是決策會議（配套研擬），我們可以規劃如表 6-7 所示的執行程序設計表來逐步引導進行。

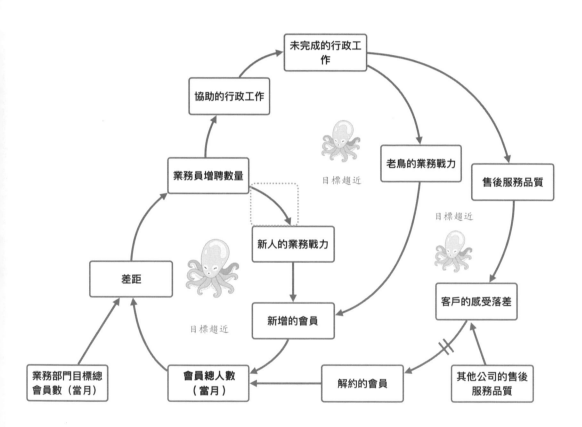

▌圖 6-20　量身定做個人化的教育訓練之乾坤大挪移示意圖

表 6-7 第三次會議（配套研擬）執行程序設計表

會議名稱	會議執行程序
乾坤大挪移之配套方案研擬會議	1. 各成員報告所擬定的配套方案。 2. 共同討論以選取較合適的配套方案。

　　在這章裡，本書呈現出一種系統化、圖形化的會議進行方式，這與一般經常使用語言搭配簡報或表格所進行的會議不同。特點就在於我們所不斷強調的，展現出系統思維的圖形可以讓討論聚焦在會議議題上，並且讓人自動從系統思維出發進行討論，拋開單位職能框架下的本位主義思維，讓會議的進行迅速而且高效。

第7章

「專案管理」
的動態達標系統思考

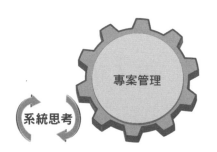

專案無處不在

聽到專案管理這個詞,或許你會覺得與你的工作或生活無關,畢竟不是每個工作與職位都會用到。然而,真是如此嗎?

所謂專案,一般是指一群人為了一個特定目的而在一定時段內所做的努力。請你想一下,你的工作中沒有這樣的情形嗎?

如果仔細看過了本書之前的章節,你應該會有了一種概念:你本人是一個系統,你的生活是一個系統,你的工作是一個系統,你的每個家人都是一個系統,你的每一個同事、上級、下屬、老闆都是一個系統,你所在的公司或單位是一個系統,你身處的社會是一個系統,你所處的自然環境也是一個系統。這些系統彼此間相互包含也相互被包含,雖有各自不同的運轉目標,卻

也有著在共同目標下的相互協調。此外，每一個系統的運轉目標也都是動態的，不是永遠不變的。

在這樣的概念下，你舉目所及，有哪些事不符合專案的特徵呢？舉個極端的例子，你想要在某項工作上擊敗競爭對手。首先，用來評定勝敗的指標必然有一個特定的存續期間，例如三個月內的績效；其次，你想擊敗對手，也要對手願意參與競爭才行，一人唱獨腳戲的話，無所謂輸贏；最後就是對手還不能放水，因為一旦對手放水，你的擊敗還能說是貨真價實的擊敗嗎？

於是你這個系統與你的一個或數個對手系統在特定期間內，為了你這個系統為自己訂下的預定目標在共同努力，這不就是專案嗎？所以，不管是工作中還是生活中，專案無處不在。

看到這，或許有人會說，對手的目標是贏過我，我的目標則是贏過對手，目標明顯不同，怎麼可以說是同一目標呢？

請再回頭看看我們之前說的，對手系統有對手系統的目標，你這個系統有自己的目標，兩者是不同。但兩者在面對由兩者共同組成的「競爭系統」時，有一個共同目標，就是讓「競爭」成功舉行，所以三個系統是相互連動的。如同剛才所說，一人唱獨腳戲無所謂輸贏，競爭者也不能放水，因為一旦放水，勝方的勝利就不能說是貨真價實的勝利。所以你的對手在決定參與競爭時，其實就已經在為你想達成的目標在奉獻與努力了。另外，在 PMI 的《專案管理知識體系指南》（PMBOK）一書提及：

專案管理源自系統管理，專案管理被視為是系統管理的應

用。

　　所以專案的本質就是系統，系統與專案，是一體的不同面向，說的都是不同系統的整合。也都是在提醒你，萬事皆為一體的不同面向，彼此牽連，請不要把自己與其他人與事切割開來思考。或許你會說，很多事你本就已經是從整體來看，關於這點我們必須說，不是很多事，而是一切事都要從整體來看，「一即一切，一切即一」。

　　以下，我們會列舉一個企業案例，來介紹如何把系統思考有效運用於專案管理上。這個案例要解決的專案窮忙問題，定義為：

為何採用加班對策一段時間，專案進度仍沒有顯著改善？

辨識專案利害關係者

　　專案的管理者，也就是專案經理。在管理專案的過程裡，專案經理幾乎有三分之二以上的時間都在處理「人」的問題，所以專案管理最重要的成功祕訣就是：「搞定人」。而搞定人的首要任務就是辨識專案利害關係者，這其中包括參與專案相關事項而影響該專案目標與結果的個人或組織，以及其利益受專案影響的內部或外部相關當事者。辨識出的專案利害關係人，還要進一步探討其在專案的角色與責任、主要需求與期望，及其對專案潛在影響與衝擊等，彙整成專案利害關係者登錄表，做為管理利害關係者期望或影響之重要依據，以確保專案能夠順利推展。本書第六

章提及的 Why 人探索訪談記錄表，就非常適合做為專案利害關係者登錄表。本節示範案例「為何採用加班對策一段時間，專案進度仍沒有顯著改善？」之 Why 人探索訪談記錄表，如表 7-1 所示。表 7-1 要請大家注意的是，所有專案利害關係者不一定在一開始就能完全找到，**很多時候找尋專案利害關係者會是一種逐步精進的過程。**

也就是說，專案利害關係者有時會隱藏在某一個利害關係者的訪談回答裡，例如：表 7-1「客戶」這個利害關係者的出現，就是因為總經理在對策擬定面向裡出現「答應專案提早完成是為了提高客戶滿意度」這句話，進而增列「客戶」的探索訪談，以瞭解專案提前完成為何能提高客戶滿意度的根本原因。

各位讀者可以發現，當你把所有的資訊整理成表 7-1 這樣縱軸為利害關係者，橫軸為策略擬定面和策略執行面之後，很容易察覺兩個經常存在於專案現場的重要管理問題，這也是專案經理難為的主因。

一為壓力轉嫁，
二為專案計畫永遠趕不上專案變化。

看到這兩個因素，有沒有很熟悉的感覺呢？其實專案就是你的日常，只是你日用而不知。另外，各位還記得嗎？第一章提到動態複雜問題的動態是指「問題會隨時間改變」的特性，複雜是指「利害關係複雜並有因果回饋影響」的特性。

「專案計畫永遠趕不上專案變化」像不像「問題會隨時間改

變」的特性？

「壓力轉嫁」像不像「利害關係複雜並有因果回饋影響」的特性？

專案管理的許多問題其實都具有動態複雜的特性。

在壓力轉嫁方面，表 7-1 可以看出客戶因為競爭者出現，所以希望專案交付標的（交付標的在專案管理領域為產品、服務、文件、訓練的統稱）能夠儘早提供，因此把專案需要提前完成的壓力轉嫁給承接專案的公司總經理。公司總經理為了後續能接到這個客戶更多的專案委託，因此欣然答應，答應後總經理繼續把專案需要提前完成的壓力轉嫁給這個專案所屬部門的部長。部長對於總經理的標準回答就是：全力以赴。此時部長繼續把提早完成的壓力轉嫁給管理專案的專案經理。專案經理為了順利完成部長的指令，會把提早完成的加班趕工壓力轉嫁至專案成員的身上。

在專案計畫永遠趕不上專案變化方面，同樣的專案，由於總經理看到的是「遠見」，就是如何讓公司日後有更多的專案委託，而專案團隊看到的是「視線」，現況工作做不完與進度持續落後，因此專案經常會因為「遠見」的干擾因素而有時程與範疇之變化。

所以專案經理在管理專案時不僅要關心「視線」，更要注意「遠見」。

還有，部長向專案經理直接下達專案提前兩個月完成，並調

整專案期中階段目標完成百分比的指令，這時專案經理原先規劃的專案管理計畫書就可能不適用，需要立即有效修改。

　　專案經理需認清專案是會隨時間與利害關係者而動態變化！

　　所以專案管理計畫書本質實為專案動態複雜管理計畫書，並非能預先完整寫好與後續一成不變。由上述可知，專案經理是專案能否成功的最關鍵角色，所以管理大師大前研一在其所著《再起動》一書提及，「能夠勝任『專案經理』職務的人，有極高的價值，在未來將是非常珍貴的人才」。

表 7-1 專案加班窮忙問題的 Why 人探索訪談記錄表

利害關係者	對策擬定面向：動機、對策、目標、期望、願景等	對策執行面向：抱怨、隱憂、困難處、壓力、後遺症等
客戶	● 專案進行初期，因為市場臨時出現競爭者，所以希望委託專案的交付標的可以提前兩個月交期。	
總經理	● 答應專案提早完成是為了提高客戶滿意度，以利客戶後續能委託更多專案給公司。 ● 維持既有專案利潤情形下並提前兩個月交期，公司將對專案所屬部門進行公開表揚及嘉獎。	

部長	● 部長承諾總經理全力以赴，並保證維持既有專案利潤，因此向專案經理下達專案提前兩個月完成，並調整專案期中階段目標完成百分比，期中目標完成百分比由原先 40% 調整為 60%。	● 發現加班整體費用有越來越多趨勢，如此下去，專案結束前可能無法達到既定的專案利潤，所以要求專案經理若要繼續維持團隊加班型態，務必要研擬相對應的有效成本改善方案。
專案經理	● 由於期中進度檢核，現況完成百分比只完成了 50%，與新目標 60% 相比，產生了 10% 的差距，專案經理決定期中之後採用團隊成員加班的方式來因應。	● 加班一個月後仍有專案進度落後現象，所以決定延長加班的執行時程與時數。 ● 被部長通知要研擬有效成本改善方案來達成專案既定利潤，因此決定調整部分工作任務實施程度以直接減少成本，例如：降低品質鑑定工作花費、降低人員訓練花費。
專案成員		● 抱怨加班導致睡眠不足，身體很疲累，常常發生工作做錯的現象。 ● 覺得花在重做與瑕疵修復的時間變多。

專案利害關係者影響分析與配套研擬

　　完成專案加班窮忙的 Why 人探索訪談記錄表之後，接著利用八爪章魚覓食術（八爪章魚覓食術的完整方法，請見本書第四章）來進行專案利害關係者影響分析。首先參考表 7-1 來繪製章

魚頭，由於章魚頭的組成結構跟目標、現況、差距、對策、產出
這些關鍵字有關，而這些資訊一般都存在於對策擬定面向。有鑑
於此，我們找出專案經理在策略擬定面向的訪談記錄裡具有章魚
頭所需資訊，如下所示：

由於期中進度檢核，現況完成百分比只完成了 50%，與新
目標 60% 相比，產生了 10% 的差距，專案經理決定期中之後
採用團隊成員加班的方式來因應。

藉著這幾句話來繪製章魚頭，如圖 7-1。此圖展現當目標工
作完成百分比（目標）與現況工作完成百分比（現況）出現明顯
的進度完成差距（差距）時，採取的加班行動（對策）會產生工

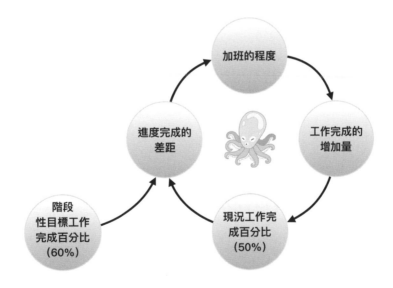

▌圖 7-1　專案加班窮忙問題的章魚頭

作完成增加量（產出）來影響現況，並縮小差距之因果回饋關係。

　　當專案加班窮忙問題的章魚頭繪製完成後，接著再由章魚頭上的對策進行問題的發散思考（類比為章魚伸出爪子抓食物），例如：採取的加班策略是否有其後遺症或反效果，及後遺症或反效果會影響哪些利害關係者，之後再進行收斂思考（類比為章魚爪子抓到食物後再將其捲回至章魚嘴中），例如：加班的後遺症或反效果所影響的利害關係者會不會一段時間後再影響到我們的原問題（章魚頭）。

　　由於對策後遺症或反效果的資訊一般都存在於對策執行面向，後續我們將利用表 7-1 各利害關係者在對策執行面向的訪談記錄，進行加班後遺症或反效果的逐步精進分析，藉以有效繪製爪子覓食圖形。

　　由表 7-1：

- 加班一個月後仍有專案進度落後現象，所以決定延長加班的執行時程與時數。（專案經理）
- 抱怨加班導致睡眠不足，身體很疲累，常常發生工作做錯的現象。（專案成員）

　　專案成員這段話指出了因專案經理持續延長加班對策導致睡眠不足，造成身體很疲累，常常發生工作做錯的現象，於是我們可以畫成從章魚頭的加班伸出爪子的樣子，如圖 7-2。

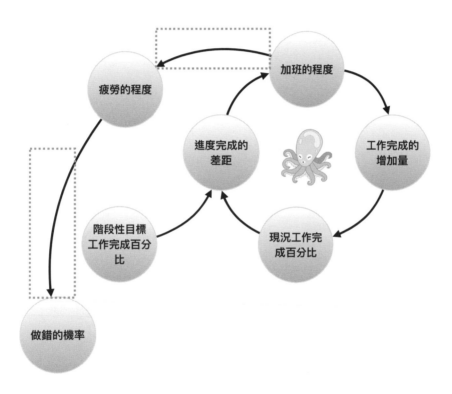

■ 圖 7-2　加班、疲勞與做錯之因果關係示意圖

由表 7-1：

• 專案成員表示：覺得花在重做與瑕疵修復的時間變多。

專案成員這段話指出，他們覺得花在重做的時間變多了，而重做的根本原因就是做錯了，並且重做還會嚴重影響現況工作。此時，章魚的爪子把食物送回嘴邊（章魚頭）的圖形，如圖7-3。

圖 7-4 表示出進度落後的程度越嚴重，需要加班的時程與時

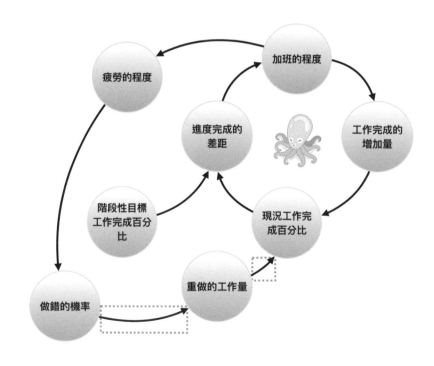

圖 7-3　做錯、重做與現況工作完成百分比之因果關係示意圖

數會越多，常常加班會使身體容易疲勞，進而增加工作做錯的機率，導致重做工作量變多，重做會影響既有工作完成進度，促使下一個時刻工作完成進度更落後。由「加班的程度」、「疲勞的程度」、「做錯的機率」、「重做的工作量」、「現況工作完成百分比」、「進度完成的差距」，這六個名詞構成了一個持續變糟的加班疲勞惡性循環，也就是加班的對策隨著時間的前進，將使得專

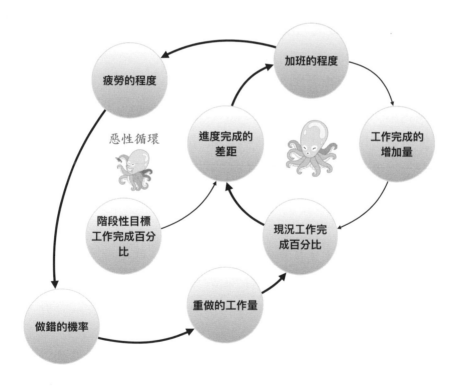

▌圖 7-4　加班疲勞的惡性循環示意圖

案進度完成差距逐漸擴大，進度完成差距擴大也會隨著時間的前進，繼續帶動加班時程與時數延長。

我們繼續分析表 7-1 剩餘的資訊。

• 專案經理表示：加班一個月後仍有專案進度落後現象，所以決定延長加班的執行時程與時數。

• 部長表示：發現加班整體費用有越來越多趨勢，如此下去，專案結束前可能無法達到既定的專案利潤，所以要求專案經理若要繼續維持團隊加班型態，務必要研擬相對應的有效成本改善方案。

部長這段話顯示因專案經理持續延長加班對策時，也會帶來整體加班費用持續擴增的困擾，非預算編制內的加班費用，會嚴重侵蝕既定專案利潤。上述因果關係，如圖 7-5 所示。

由表 7-1：

• 專案經理表示：被部長通知要研擬有效成本改善方案來達成專案既定利潤，因此決定調整部分工作任務的原先預計實施程度以直接減少成本，例如：降低品質鑑定工作花費、降低人員訓練花費。

這段話清楚表示專案經理受到部長要求迅速研擬成本改善方

案的壓力,因此直接對部分工作任務調整實施程度來有效降低成本花費,而品質鑑定的工作或人員訓練的工作,常常是專案裡會被考慮做為實施規模減少的犧牲對象。上述因果關係,如圖 7-6 所示。

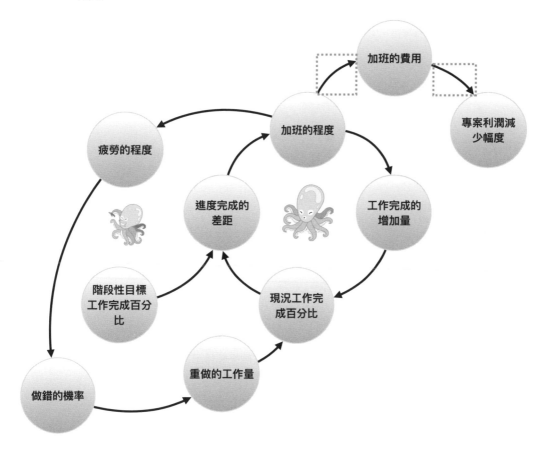

▌圖 7-5　加班、加班費用與專案利潤之因果關係示意圖

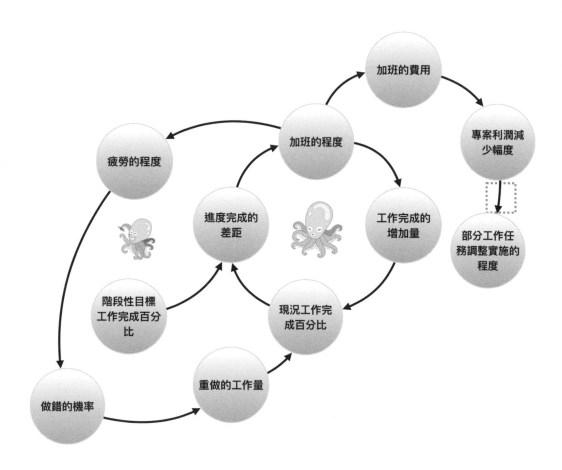

▍圖 7-6　專案利潤與部分工作任務規模調整之因果關係示意圖

由表 7-1：

• 專案成員表示：覺得花在重做與瑕疵修復的時間變多。

從這句話可以推論品質鑑定工作與人員訓練工作的實施規模

減少，可能會增加專案交付標的出現品質瑕疵的程度。品質瑕疵
出現次數越多，新增瑕疵修復的工作量就會變多，專案成員花在
瑕疵修復工作的時間越多，則會排擠現有工作任務的完成時間，
使得現況工作完成百比分落後預期進度。上述因果關係，如圖
7-7 所示。

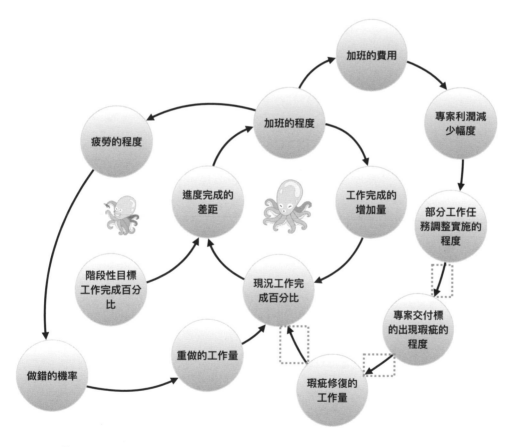

▌圖 7-7　瑕疵風險、瑕疵修復與現況工作完成百分比之因果關係示意圖

　　進度落後程度越嚴重，需要加班的時程與時數會越多，也會帶來整體加班費用持續擴增的情形，進而侵蝕專案利潤。專案利潤減少幅度越大，降低部分工作任務成本花費的壓力就會變大，而部分工作任務調整實施規模的程度就越大，造成專案交付標的出現品質瑕疵的風險增加。頻繁的瑕疵修復會影響既有工作完成進度，促使下一個時刻工作完成進度更落後，如圖 7-8 所示。圖 7-8 顯示由「加班的程度」、「加班的費用」、「專案利潤減少幅

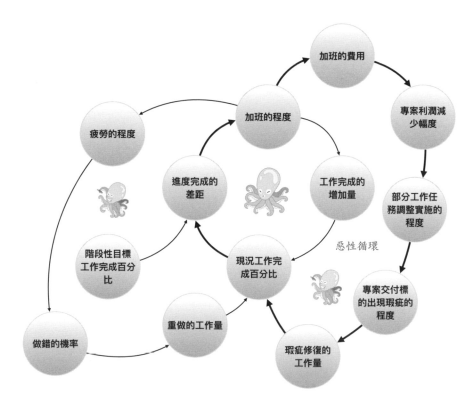

▋圖 7-8　加班費用的惡性循環示意圖

度」、「部分工作任務調整實施的程度」、「專案交付標的出現瑕疵的程度」、「瑕疵修復的工作量」、「現況工作完成百分比」、「進度完成的差距」，這八個名詞構成了一個持續變糟的加班費用惡性循環，也就是加班的行動隨著時間的前進，將使得進度完成差距逐漸擴大，進度完成差距擴大後，也會隨著時間的前進繼續帶動加班時程與時數延長。

　　從表 7-1 與圖 7-9 可以發現，差距沒縮小之主要原因是由加

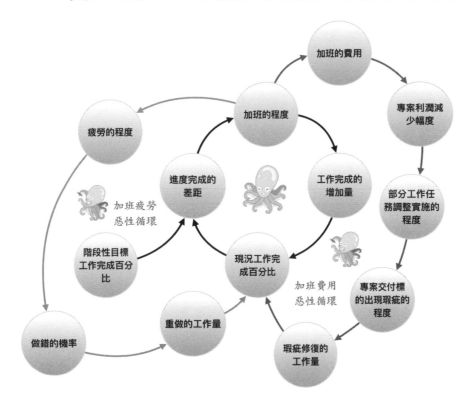

▌圖 7-9　加班疲勞與加班費用的惡性循環示意圖

班這個對策產生的兩個惡性循環所造成，分別是加班疲勞惡性循環與加班費用惡性循環。雖然加班能夠明顯增加工作完成量並減少進度完成差距，但是加班疲勞產生的重做工作量與加班費用產生的瑕疵修復工作量，都會影響現況工作完成百分比，並拉大進度完成差距。

　　從表 7-1 與圖 7-9 還可以看出，如果專案進度仍然落後，專案經理會延長加班的執行時程與時數，這種做法會造成加班疲勞惡性循環與加班費用惡性循環隨著時間越來越惡化，專案窮忙的現象更加嚴重。

　　圖 7-10 顯示加班這個對策失效是由兩個惡性循環所造成，分別是加班疲勞惡性循環與加班費用惡性循環。所以若能有效解決疲勞與費用的影響，便能消除這兩個惡性循環。瞭解了對策失效的根本原因，便能開始擬定有效配套方案，即因果關係的乾坤大挪移。

研擬配套 1：考量團隊成員加班過度會造成疲勞與加班費用過高，故團隊成員的加班方式採取量身定做。

　　可以蒐集團隊成員過去專案的加班經驗，或是根據本專案加班實施完第一個月的相關資訊，來對專案團隊成員進行個別量身定做的加班時程與時數。由於採取量身定做，能有效避免疲勞與費用的衝擊，因此原先圖 7-10 的兩個惡性循環就會消失，如圖 7-11 所示。

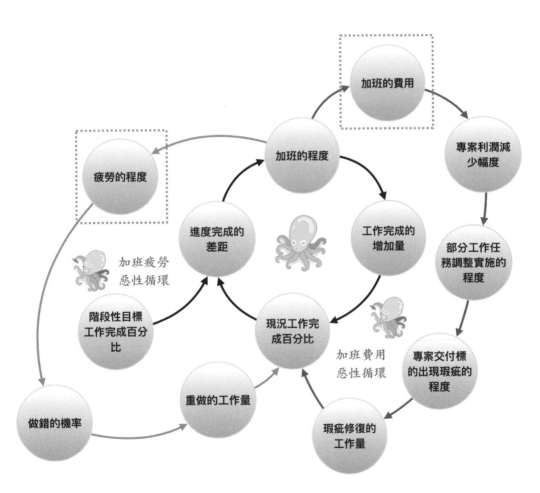

▌圖 7-10 加班失效原因探究示意圖

研擬配套 2：行政類型或非專業技術性工作可以委由短期工讀生或派遣人力執行。

　　由於採行團隊成員加班量身定做的方式，故整體加班時數較原來加班對策會減低許多，所以工作完成增加量會受影響，有可能會讓進度落後差距變得較大。因此有必要增加額外人力來協助專案團隊，但是協助的人力必須充分考量其支援的工作性質與所需的花費，才不會又重蹈覆轍。有鑑於此，專案團隊成員可以先把工作任務中屬於行政工作類型或與專業技術不相干的類型整理出來，由於這些工作任務無需專業人士處理，所以可以分配給來支援協助的短期工讀生或派遣人力執行，而且費用負擔也較低，如圖 7-11 所示。

　　所以採取加班的對策之外，還要研擬配套方案，「團隊成員的加班方式採取量身定做、行政類型或非專業技術性工作可以委由短期工讀生或派遣人力執行」，才不會發生「為什麼增加團隊成員加班時數，一段時間後專案進度落後情形仍沒有明顯改善？」的窮忙問題。此外，由於繪製出看清窮忙問題全貌的因果關係回饋圖，所以更容易發揮配套方案研擬的創意，如：藉由過去許多執行完成的專案資料，透過 AI 人工智慧學習，得出個人專案加班程度與疲勞和費用及工作增加量的對應關係，提供個人化加班量身定做更高效的決策支援。

　　這節想告訴大家的是，身為專案經理要習慣利用系統思考去分析專案的利害關係者，並利用分析結果來擬定配套，如此專案

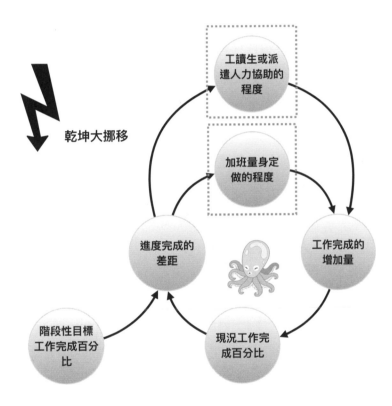

▍圖 7-11　加班量身定做與工讀生派遣人力支援之乾坤大挪移示意圖

管理的問題解決才能治標又治本。

專案衝突管理：別讓會吵的孩子有糖吃！

在專案管理上有個常見現象，叫做專案衝突，例如你口袋裡有 100 元，但你同時想買杯楊枝甘露與一個便當，猶如魚與熊掌不可兼得。在我們多年協助企業內訓與在校教學的經驗裡，發現實務上專案衝突經常發生在專案經理與這三個利害關係者有關的議題：

議題一：專案經理與其他部門的部門經理衝突

各部門想盡辦法要拿回各自支援專案的資源。

議題二：專案經理與專案成員的衝突

專案成員對於工作包任務分派的公平性。

議題三：專案經理與客戶的衝突

客戶臨時要求變更專案範疇。

專案經理切記這三個議題的解決原則，**別讓會吵的孩子有糖吃！**

不然會陷入持續窮忙的惡性循環。如果衝突不妥善處理，會讓專案產生無法如期、無法如質、無法如預算的困境。由於專案的本質就是「系統」，並具有動態複雜的特性。若是發生專案衝突時，無法運用系統思考看見衝突全貌就直接擬定管理對策並立即執行，將容易產生見山非山、牽一髮動全身、後遺症等問題。有鑑於此，以下我們運用「八爪章魚覓食術」的方法來進行這三

個議題的專案衝突管理分析，並提出相應的解決方案。

議題 1「各部門要回支援資源之衝突」：食髓知味的系統思考

　　由於企業的許多專案都是以跨部門協同合作的方式來執行，因此需要各部門提供其所需的資源（人力、設備、場所）給專案經理，專案方能如期、如質、如預算地使命必達。可是當 A 部門的部門經理很主觀認為他的 A 部門提供給專案的資源有過多現象時，或是 A 部門內有臨時新增工作需要資源協助時，就會因為想要從專案拿回資源而跟專案經理發生資源搶奪的衝突。

　　然而專案經理這個頭銜只是進行專案的「經營管理」，專案結束時專案經理的身分便解除，並非是真正的「經理」。

　　一旦專案經理面對實際職權比他大的部門經理，在產生衝突時是處在相對弱勢，所以容易有妥協退讓（A 部門支援專案的資源從占 A 部門總資源的 30% 降至占總資源的 10%）的現象，如圖 7-12 的章魚頭（會吵的孩子有糖吃）所示。雖然妥協退讓能迅速減緩衝突，卻會帶來強烈的反效果或後遺症。一旦讓 A 部門的部門經理知道專案經理具有「會吵就有糖吃」的反應，就會變得食髓知味，想占便宜的心態會更強烈，進而想要再次降低 A 部門提供專案使用資源的目標比例（從可使用 10% 的目標降至可使用 5% 的目標），此時差距再次出現，與專案經理的衝突還會持續發生，如圖 7-12 的爪子覓食（食髓知味的惡性循環）所示。

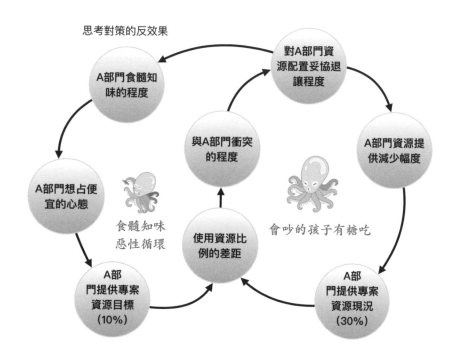

思考對策的反效果

A部門食髓知味的程度

對A部門資源配置妥協退讓程度

與A部門衝突的程度

A部門資源提供減少幅度

A部門想占便宜的心態

食髓知味惡性循環

使用資源比例的差距

會吵的孩子有糖吃

A部門提供專案資源目標（10%）

A部門提供專案資源現況（30%）

▎圖 7-12　專案資源要回產生食髓知味的系統思考

專案資源要回產生食髓知味的衝突管理解決方案：

1. **專案章程（或稱專案提案書）**：在專案章程裡就要清楚
   寫入想要各部門的哪些資源，並在提案過程中向專案贊
   助者（假設為總經理）說明這些資源在專案的必要性，
   並取得總經理的簽名同意，**以利後續能拿專案章程當作
   「挾天子以令諸侯」的依據，向各部門主管要資源。**
   即使後續有衝突，白紙黑字有總經理簽名的專案章程便

是抵擋衝突的最佳利器。

2. **吳越同舟**：專案的目的是要為公司創造整體效益，而非服務個人或單一部門的 KPI。所以要向部門經理曉以吳越同舟的大義，即專案失敗會導致公司賠錢，公司賠錢大家都要減薪，此時單一部門 KPI 好是沒有意義。

《孫子・九地》：「夫吳人與越人相惡也，當其同舟而濟，遇風，其相救也如左右手。」

議題 2「專案成員工作包任務分派之衝突」：顧此失彼的系統思考

專案的成員通常來自跨部門，由於專案經理對於跨部門同仁並不熟悉，如果沒有做好事前背景能力調查，將容易與團隊成員發生工作包任務分派不公或不適任的衝突問題。當專案成員 A 認為他個人負擔的工作包任務有過多現象時，就會跟專案經理發生衝突，如果產生衝突時專案經理馬上妥協退讓（從工作包負擔現況占整體 30% 降至負擔現況占整體 10%），如圖 7-13 的章魚頭（會吵的孩子有糖吃）所示。雖然妥協退讓能迅速減緩衝突，卻會帶來強烈的顧此失彼反效果或後遺症。一旦讓專案成員 B 知道專案成員 A 因為會吵就有糖吃，專案成員 B 也會找機會向專案經理據理力爭，使其工作包任務減少，而專案經理為安撫專案成員 B，可能會重新調增專案成員 A 的工作包任務，此時專案成員 A 的工作包任務過多現象再次出現，專案成員 A 與專案

經理的衝突還會持續發生，如圖 7-13 的爪子覓食（顧此失彼的惡性循環）所示。

　　專案工作包分派產生顧此失彼的衝突管理解決方案：

1. **進行賦能**：與其把心力放在工作包任務的負擔比例分配，還不如重視團隊成員的能力落差，**對於有能力落差的成員要適時進行賦能的工作。**

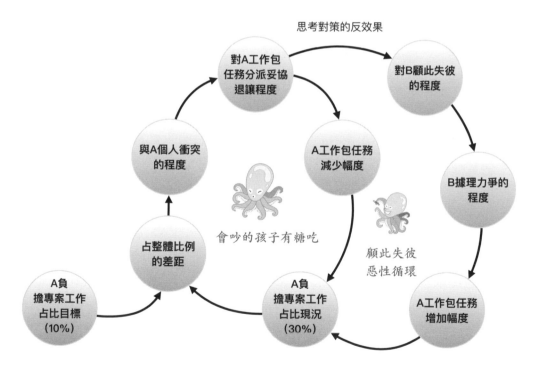

▎圖 7-13　專案工作包分派產生顧此失彼的系統思考

2. **提供經驗學習文件**：如何讓團隊成員整體工作效率提升是專案經理的工作，因此適當的提供各個成員過去類似專案的經驗學習文件，將能有效減輕其自我摸索的窮忙現象。

議題 3「客戶專案範疇變更之衝突」：飲鴆止渴的系統思考

乙公司為一程式設計公司，承攬甲公司週年慶活動網站，乙公司依據合約及雙方需求訪談，開發設計活動網站。經過兩個月後，甲公司為了想提高更多的網站功能收益（從 500 萬元增加至 800 萬元），突然提出「專案範疇變更，欲將原本活動網站增加新功能」，希望透過新增功能來達到 800 萬元收益的新目標。此時乙公司程式設計師如果認為活動網站範疇變更程度較大而拒絕執行，就容易與甲公司對於活動網站功能產生認知衝突。倘若乙公司專案經理為了提升甲公司對乙公司的滿意度而妥協退讓，全盤接受活動網站範疇變更，如圖 7-14 的章魚頭（會吵的孩子有糖吃）所示。雖然迅速減緩了衝突，卻可能會帶來飲鴆止渴的反效果或後遺症。我們知道網站程式開發到一半後突然變更範疇，會導致程式要大幅修改，大幅修改會提高程式發生非預期錯誤（BUG）的風險機率，造成網站功能品質容易出問題。無法如質的情形會導致網站重做，網站重做的程度越高，活動網站新增功能無法如期完成的程度就越高，新增功能無法如期完成將影響網站收益，如圖 7-14 爪子覓食（飲鴆止渴）的惡性循環所示。

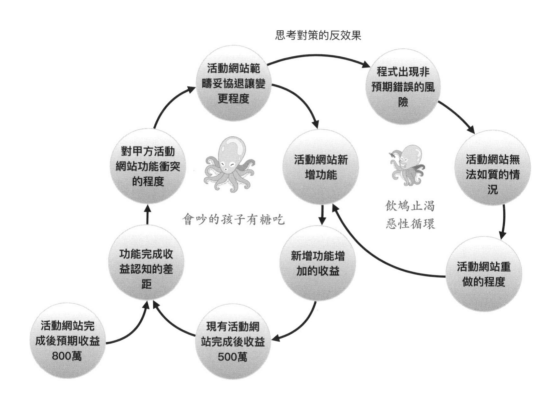

思考對策的反效果

活動網站範疇妥協退讓變更程度

程式出現非預期錯誤的風險

對甲方活動網站功能衝突的程度

活動網站新增功能

活動網站無法如質的情況

功能完成收益認知的差距

新增功能增加的收益

會吵的孩子有糖吃

飲鴆止渴惡性循環

活動網站重做的程度

活動網站完成後預期收益800萬

現有活動網站完成後收益500萬

■ 圖 7-14　客戶專案範疇變更產生飲鴆止渴的系統思考

客戶專案範疇變更產生飲鴆止渴的衝突管理解決方案

1. 最好的方式就是進一步訪談，以瞭解甲公司變更範疇的原因。發現甲公司希望透過獲得回饋金的誘因，讓舊會員主動尋找更多朋友來參加活動，以達到增加收益的目的，因此將活動網站增加「呼朋引伴加碼金」新功能，導致活動網站範疇需要變更。

2. 接著針對原因與甲公司討論，在不影響專案如期、如質、如預算的情形下如何適度地變更，最後達成共識採取「不須新增功能，只要讓新會員在活動參加頁面增加欄位填寫推薦者手機號碼」的替代方案，亦可達到相同的目的，也能消除活動網站重做的反效果或後遺症情形。

孫子兵法有云：「夫未戰而廟算勝者，得算多也，未戰而廟算不勝者，得算少也，多算勝，少算不勝，而況於無算乎？」其實每個專案的完成，都是一次專案管理「算」的經驗學習。運用系統思考八爪章魚覓食術進行專案衝突管理，不僅能達成「多算勝」的目的，其繪製的因果回饋關係圖更適合當作經驗學習的有效留存方法，讓我們面對利害關係者後續發生的專案衝突都能「借力使力不費力」。

結語

　　這些年來，媒體都會在年末舉辦「年度代表字」票選活動；如果我們把年度代表字改為年度代表詞，並且將「窮忙」一詞列為選項，不知你是否會有投他一票的意願？

　　我們相信此刻正在讀這本書的你，必然是一個在工作上全心付出的人，並且想透過自己的努力，去實現自己的理想，或是為自己與家人創造更好的生活；然而，回首過往，各位可曾有種無力感，感覺到投入的心力與獲得的成果不成正比？

　　在生活中、工作中令我們苦惱的問題，往往來自於現實和理想間的落差，每當問題發生，向外尋求答案，也經常是我們已經習慣的反應；然而，我們依賴經驗、習慣以及直覺，往往看似穩當，實則背道而馳且難以察覺。

　　在當今快速變動的時代，如何跳脫既有思維的框架，面對變化，進行系統思考的分析，找到適當的解決策略與配套，我們認為實在很有必要。只要能利用系統思考方法去辦到這一點，你就能看見別人看不見的地方，想到別人想不到的地方，然後從這些地方著手，突破盲點，在面對問題與競爭者時，「出奇不意、攻其不備」，達到目的。

　　所以本書在各章節裡不斷要求讀者面對許多職場重要關鍵課

題，如「問題解決」、「職場升遷」、「向上管理」、「開會高效」、「專案管理」做思考邏輯上的反省，把真正該用於動態複雜問題的方法，用於動態複雜的問題。而不是把處理細節複雜問題的方法，用於動態複雜的問題，然後徒然耗費心力並充滿無力感。

　　相信各位看完本書，腦中應該累積不少「反直覺」的系統思考方法，接下來請大家務必持續地在工作中實踐與覆盤，逐步精進，這樣你才能真正享受到動態達標系統思考力帶給你的價值。

國家圖書館出版品預行編目資料

動態達標系統思考力/楊朝仲,文柏,陳國彰,薛安聿著. -- 初版. -- 臺北市：
　　商周出版：英屬蓋曼群島商家庭傳媒股份有限公司城邦分公司發行，
　　2023.07
　　　　面；　　公分. -- (Live & learn ; 111)

　　ISBN 978-626-318-707-8 (平裝)

　　1.CST: 思維方法 2.CST: 職場成功法 3.CST: 專案管理

494.35　　　　　　　　　　　　　　　　　　　　112007380

動態達標系統思考力

作　　　　者／楊朝仲、文柏、陳國彰、薛安聿
責 任 編 輯／余筱嵐

版　　　　權／林易萱、吳亭儀
行 銷 業 務／林秀津、周佑潔、賴正祐
總　編　　輯／程鳳儀
總　經　　理／彭之琬
事業群總經理／黃淑貞
發　行　　人／何飛鵬
法 律 顧 問／元禾法律事務所　王子文律師
出　　　　版／商周出版
　　　　　　　台北市104民生東路二段141號9樓
　　　　　　　電話：(02) 25007008　傳真：(02)25007759
　　　　　　　E-mail：bwp.service@cite.com.tw
　　　　　　　Blog：http://bwp25007008.pixnet.net/blog
發　　　　行／英屬蓋曼群島商家庭傳媒股份有限公司 城邦分公司
　　　　　　　台北市中山區民生東路二段141號2樓
　　　　　　　書虫客服服務專線：02-25007718；25007719
　　　　　　　服務時間：週一至週五上午09:30-12:00；下午13:30-17:00
　　　　　　　24小時傳真專線：02-25001990；25001991
　　　　　　　劃撥帳號：19863813；戶名：書虫股份有限公司
　　　　　　　讀者服務信箱：service@readingclub.com.tw
　　　　　　　城邦讀書花園：www.cite.com.tw
香港發行所／城邦（香港）出版集團有限公司
　　　　　　　香港灣仔駱克道193號東超商業中心1樓；E-mail：hkcite@biznetvigator.com
　　　　　　　電話：(852) 25086231　　傳真：(852) 25789337
馬新發行所／城邦（馬新）出版集團 Cite (M) Sdn. Bhd.
　　　　　　　41, Jalan Radin Anum, Bandar Baru Sri Petaling, 57000 Kuala Lumpur, Malaysia.
　　　　　　　Tel: (603) 90563833 Fax: (603) 90576622 Email: service@cite.my

封 面 設 計／徐璽設計工作室
插　　　　圖／陳立德
排　　　　版／芯澤有限公司
印　　　　刷／韋懋印刷事業有限公司
總　經　　銷／聯合發行股份有限公司
　　　　　　　電話：(02)2917-8022　傳真：(02)2911-0053
　　　　　　　地址：新北市231新店區寶橋路235巷6弄6號2樓

■2023年7月4日初版　　　　　　　　　　　　　　　Printed in Taiwan
定價450元

城邦讀書花園
www.cite.com.tw

商周出版

讀者回函卡

感謝您購買我們出版的書籍！請費心填寫此回函卡，我們將不定期寄上城邦集團最新的出版訊息。

線上版讀者回函

姓名：_____ 性別：□男 □女

生日：西元_____年_____月_____日

地址：_____

聯絡電話：_____ 傳真：_____

E-mail：

學歷：□ 1. 小學 □ 2. 國中 □ 3. 高中 □ 4. 大學 □ 5. 研究所以上

職業：□ 1. 學生 □ 2. 軍公教 □ 3. 服務 □ 4. 金融 □ 5. 製造 □ 6. 資訊

　　　□ 7. 傳播 □ 8. 自由業 □ 9. 農漁牧 □ 10. 家管 □ 11. 退休

　　　□ 12. 其他_____

您從何種方式得知本書消息？

　　　□ 1. 書店 □ 2. 網路 □ 3. 報紙 □ 4. 雜誌 □ 5. 廣播 □ 6. 電視

　　　□ 7. 親友推薦 □ 8. 其他_____

您通常以何種方式購書？

　　　□ 1. 書店 □ 2. 網路 □ 3. 傳真訂購 □ 4. 郵局劃撥 □ 5. 其他_____

您喜歡閱讀那些類別的書籍？

　　　□ 1. 財經商業 □ 2. 自然科學 □ 3. 歷史 □ 4. 法律 □ 5. 文學

　　　□ 6. 休閒旅遊 □ 7. 小說 □ 8. 人物傳記 □ 9. 生活、勵志 □ 10. 其他

對我們的建議：_____

_____

_____